普通高校本科计算机专业特色教材·算法与程序设计

算法与数据结构

施一萍　张　娟　闫丰亭　编著

清華大学出版社
北　京

内 容 简 介

“算法与数据结构”是计算机及相关专业的核心基础课程，旨在培养学生采用相应的数据结构与算法进行算法设计、算法应用和实际应用软件的开发，提高复杂应用软件的开发能力。

全书共9章，第1章介绍数据结构的基本概念，第2～5章介绍数据结构中的线性结构，包括线性表、栈、队列和数组，第6章介绍树状结构，包括树和二叉树，第7章介绍图状结构，第8章介绍查找，第9章介绍排序。

本书注重可读性和实用性，提供许多例题和应用实例。每章后均附有习题，应用实例都提供源码且已经通过调试，可供读者学习时参考。

本书可作为高等院校计算机及相关专业的本科教材，也适合从事算法设计和软件开发的人员参考。

图书在版编目(CIP)数据

算法与数据结构/施一萍，张娟，闫丰亭编著. —北京：清华大学出版社，2023.1
普通高校本科计算机专业特色教材. 算法与程序设计
ISBN 978-7-302-61959-8

Ⅰ. ①算… Ⅱ. ①施… ②张… ③闫… Ⅲ. ①算法分析－高等学校－教材 ②数据结构－高等学校－教材 Ⅳ. ①TP301.6 ②TP311.12

中国版本图书馆CIP数据核字(2022)第180112号

责任编辑：郭 赛
封面设计：常雪影
责任校对：韩天竹
责任印制：丛怀宇

出版发行：清华大学出版社
网 址：http://www.tup.com.cn，http://www.wqbook.com
地 址：北京清华大学学研大厦A座　**邮 编**：100084
社 总 机：010-83470000　**邮 购**：010-62786544
投稿与读者服务：010-62776969，c-service@tup.tsinghua.edu.cn
质量反馈：010-62772015，zhiliang@tup.tsinghua.edu.cn
课件下载：http://www.tup.com.cn，010-83470236
印 装 者：三河市人民印务有限公司
经 销：全国新华书店
开 本：185mm×260mm　**印 张**：13.25　**字 数**：310千字
版 次：2023年2月第1版　**印 次**：2023年2月第1次印刷
定 价：49.00元

产品编号：093572-01

前言

FOREWORD

随着高等教育的一系列改革，发展应用型本科教育已成为中国高等教育改革和发展的重要方向。“算法与数据结构”是计算机及相关专业的核心基础课程，涵盖计算机学科的算法设计、操作系统和编译原理等后续课程涉及的大部分算法的应用与实现。为了适应新形势的发展需要，作者根据计算机专业的相关培养计划和教学大纲，结合多年从事“算法与数据结构”课程的教学实践，在对教学内容进行改革的基础上确定了本书的编写大纲。在本书的编写中，既要符合应用型本科人才培养目标的要求，又要体现理论与应用相结合的原则。在教学中，既要讲授基本的理论知识，又要进行必要的采用相应数据结构和算法的软件开发技能的训练。通过本课程的学习，学生可以采用相应的数据结构与算法进行算法设计、算法应用和实际应用软件的开发，并提高复杂应用软件的开发能力，为成为计算机学科算法设计、软件开发和软件应用人才奠定基础。

本书的特点一是理论与实践应用相结合，不仅注重算法与数据结构理论知识的讲解，而且注重算法与数据结构在实际软件开发中的应用，强化实践与应用；二是实用性强，方便使用，每章都有大量数据结构的例题和应用实例，应用实例都有完整的C语言源程序，并在Visual C++ 环境下调试通过，方便读者学习和调试。

全书共9章，每章后均配有小结和习题，第1章是绪论，介绍数据结构的基本概念和术语、逻辑结构和存储结构、抽象数据类型以及算法的时间复杂度和空间复杂度。第2章是线性表，介绍线性表的抽象数据类型、线性表的顺序存储结构(包括顺序表的定义、线性表的基本运算在顺序表上的实现以及顺序表的应用实例)、线性表的链式存储结构(包括单链表的定义、线性表的基本运算在单链表上的实现以及单链表的应用实例)、单循环链表和双向链表。第3章是栈，介绍栈的抽象数据类型、栈的顺序存储结构(包括顺序栈的定义、栈的基本运算在顺序栈上的实现、顺序栈的应用实例)、栈的链式存储结构(包括链栈的定义、栈的基本运算在链栈上的实现、链栈的应用实例)、栈与递归。第4章是队列，介绍队列的抽象数据类型、队列的顺序存储结构(包括循环队列的定义、队列的基本运算在循环队列上的实现、循环队列的应用实例)、队列的链式存储结构(包括链队列的定义、队列的基本运算在链队列上的实现、链队列的应用实例)；第5章是数组和稀疏矩阵，介绍数组的概念、数组的顺序存储和稀疏矩阵的表示。第6章是树和二叉树，介绍树的定义和存储结构，二叉树的定义、性质和存储结构，二叉树的遍历(包括先序、中序和后序遍历)，以及遍历算法的应用、森林和二叉树的转换、构造哈夫曼树和哈夫曼编码。第7章是图，介绍图的抽象数据类型、图的存储结构(包括邻接矩阵和邻接表)，图的遍历(包括深度优先搜索和广度优先搜索)，最小生成树的算法(包括Prim算法和Kruskal算法)，拓扑排序、关键路径、最短路径和图的应用实例。第8章是查找，介绍查找表定义和分类、静态查找表(包括顺序查找、折半查找和分块查找)、动态查找表(包括二叉排序树和平衡二叉树)，散列表的定义、构造以及散列冲突的解决方法，以及查找的应用实例。第9章是排序，介绍排序的定义和分类、插入排序(包括直接插入排序、希尔排序)、交换排序(包括冒泡排序和快速排序)、选择排序(包括直接选择排序和堆排序)、归并排序和基数排序，以及排序的应用实例。

本书由上海工程技术大学的5位教师在多年从事C语言、算法与数据结构等课程教学工作以及计算机软件开发工作的基础上编写而成。第1、2章由赵敏媛编写，第3、4章由闫丰亭编写，第5、6章由张娟、张辉编写，第7~9章由施一萍编写，全书由施一萍负责统稿。本书获得了上海工程技术大学教材建设项目和地方高校改革发展项目的资助，在此一并表示感谢。

由于编者水平有限，书中难免存在不足和疏漏之处，敬请读者批评指正。

编　者

2023年1月

目录

CONTENTS

第1章 绪论

本章学习目标

- 理解数据结构的相关概念；
- 掌握数据的逻辑结构和存储结构的区别；
- 掌握算法描述和算法分析的方法。

本章主要介绍有关数据结构的基本概念和算法的设计、描述及分析方法。

1.1 数据结构的概念

计算机科学的重要研究内容之一就是用计算机进行数据表示和处理。这里涉及两个问题：数据的表示和数据的处理。数据的表示和组织又直接关系到处理数据的程序的效率。随着计算机的普及、数据量的增加、数据范围的拓宽，许多系统程序和应用程序的规模越来越大，结构越来越复杂。因此，为了编写出一个"好"的程序，必须分析待处理对象的特征及各对象之间的关系，从而合理地组织数据、高效地处理数据，这正是研究数据结构的目的。数据结构研究的主要内容是计算机处理数据元素间的关系及其操作实现的算法，包括数据的逻辑结构、数据的存储结构以及数据的运算。

1.1.1 基本概念和术语

数据(Data)是能被计算机识别、存储和加工处理的具有一定结构的符号的总称。数据包括文字、表格、图像等。例如，一个班级的全部学生记录、一个部门所有职工的工资表、一个孩子的成长相册等都是数据。

数据项(Data Item)是具有独立意义的不可分割的最小数据单位。每个数据项都由类型和数据值两部分组成。例如，某学生的年龄值为20，其类型为整型。

数据元素(Data Element)是数据被使用时的基本单位，在计算机程序中通常作为一个整体进行处理。数据元素也称结点或记录。一个数据元素可由若干数据项组成。例如，一个学生的个人信息为一个数据元素，而其中的每一项(如姓名、年龄等)为一个数据项。

数据对象(Data Object)是性质相同的数据元素的集合,是数据的一个子集。例如,大写字母数据对象是集合 C={'A','B',…,'Z'}。

数据结构(Data Structure)由一个数据元素的集合和一系列基本运算组成。该集合中的数据元素之间存在一种或多种特定的关系。基本运算是使用某种结构的数据元素时对数据的操作。例如,复数就是一种数据结构,它的数据元素集合包括两个数据元素,且这两个元素之间存在先后关系,第一个表示实部,第二个表示虚部,可以进行的基本操作有加、减、乘、除等。

1.1.2 逻辑结构

数据元素之间的逻辑关系称为数据的逻辑结构。数据的逻辑结构是从逻辑关系上描述数据,它与数据的存储无关,是独立于计算机的。因此,数据的逻辑结构可以看成是从具体问题抽象出来的数学模型。数据元素之间的逻辑关系主要有以下三类基本结构。

① 线性结构:结构中的数据元素之间存在一对一的关系(如例 1.1)。

② 树状结构:结构中的数据元素之间存在一对多的关系(如例 1.2)。

③ 图状结构:结构中的数据元素之间存在多对多的关系(如例 1.3)。图状结构也称网状结构。

图 1.1 为上述三类基本结构的关系图,图中的小圆圈表示数据元素。另外,还有第 8 章介绍的查找表和第 9 章中讨论的待排序列等。许多书中常提到的"集合"中的数据元素除了"同属于一个集合"的关系外,没有其他关系,即关系集为空的数据结构。本书中不将此类数据结构作为基本结构进行讨论。

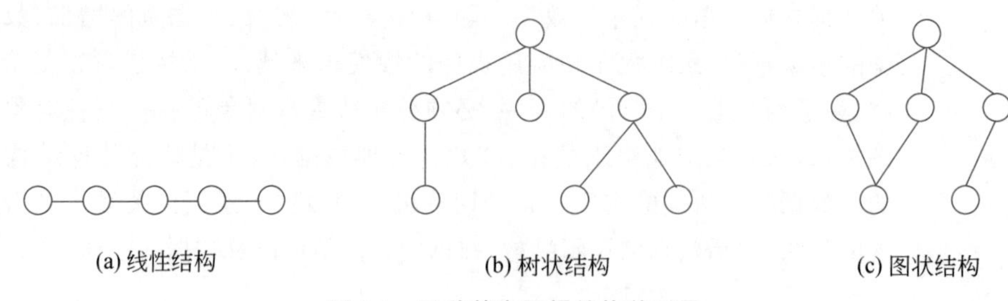

图 1.1 三种基本逻辑结构关系图

【例 1.1】 病人排队就诊问题。医院都实行先来先服务的原则,到医院看病的病人需要排队。每个病人都有自己的病历卡,病历卡上有病历的编号和病人姓名等信息。这些病人信息构成了一张表,如表 1.1 所示。

表 1.1 病人信息表

编 号	姓 名	性 别	年 龄	…
1001	张华	女	23	…
1012	李林军	男	34	…

续表

编 号	姓 名	性 别	年 龄	…
1203	陈芳	女	26	…
1345	王强	男	55	…
…	…	…	…	…

这张表中的元素之间存在先后顺序关系，是一种一对一的关系，所以这张表是一种线性结构。

【例 1.2】 大学院系组织结构问题。大学里的每个学院都由几个系组成，每个系又分为多个教研室，因此，院系组织管理可以分层次进行，如图 1.2 所示。其中，学院、系和教研室可视为数据元素，元素之间存在的是一种层次关系，也是一种一对多的关系。可见，这是一种典型的树状结构。

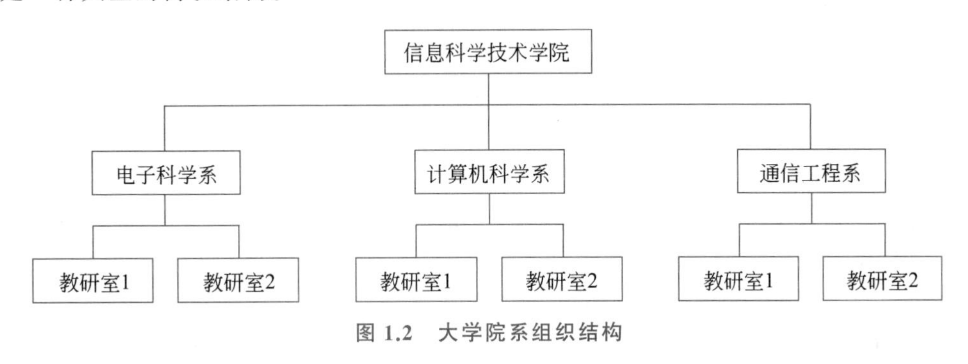

图 1.2 大学院系组织结构

【例 1.3】 教学计划编排问题。设某校计算机科学与技术专业的教学计划中的课程安排如表 1.2 所示。其中，有些课程必须按规定的先后次序进行，有些则没有次序要求，即有些课程之间存在先修和后续的关系，而有些课程可以任意安排次序。各课程间的这种关系可以用直观的图形表示，如图 1.3 所示，图中的每个顶点表示一门课程，如果从顶点 C_i 到 C_j 之间存在有向边，则表示课程 i 必须先于课程 j 进行。

表 1.2 计算机专业的课程设置

课程编号	课程名称	先修课程
C_1	计算机导论	无
C_2	数据结构	C_1、C_4
C_3	汇编语言	C_1
C_4	高级语言程序设计	C_1
C_5	计算机图形学	C_2、C_3、C_4
C_6	接口技术	C_3
C_7	数据库原理	C_2、C_9

续表

课程编号	课程名称	先修课程
C_8	编译原理	C_4
C_9	操作系统	C_2

从图 1.3 中可以看出，一门课程可以有多门先修课，也可以有多门后续课，即数据元素之间存在多对多的关系，这是一种图状结构。

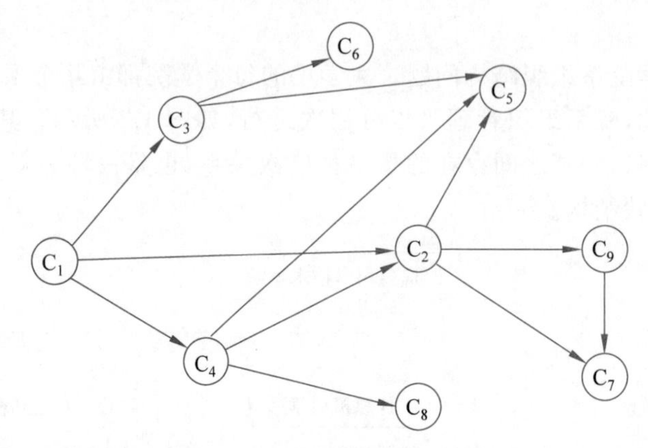

图 1.3 教学计划编排示意图

数据的逻辑结构在形式上可定义为一个二元组：

```
Data_Structure=(D,R)
```

其中，D 是数据元素的有限集，R 是 D 上的关系的有限集。

数据的逻辑结构也可以用相应的关系图表示，称为逻辑结构图。

【例 1.4】 设某数据结构的逻辑结构如图 1.4 所示，则该数据结构可定义为如下二元组：

```
Data_Structure=(D,R)
D={a,b,c,d,e}
R={r}
r={(a,b),(a,c)(b,c)(b,d)(c,e)(d,e)}
```

【例 1.5】 假设某数据结构的形式定义为：

```
DS1=(D,R)
D={1,2,3,4,5,6,7}
R={r}
r={<1,2>,<1,3>,<2,4>,<3,5>,<3,6>,<5,7>}
```

则其相应的逻辑结构如图 1.5 所示。

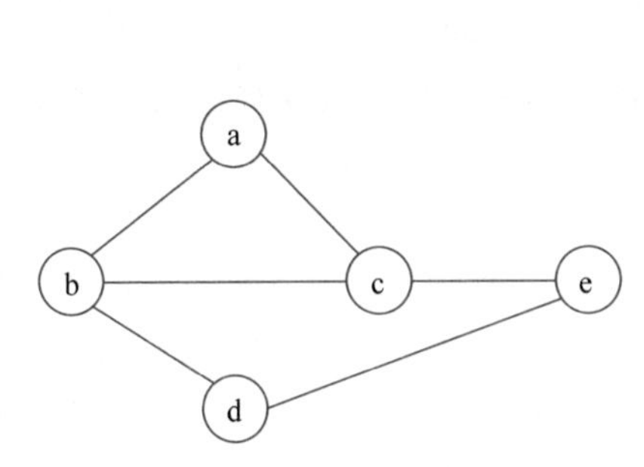

图 1.4　例 1.4 的逻辑结构图

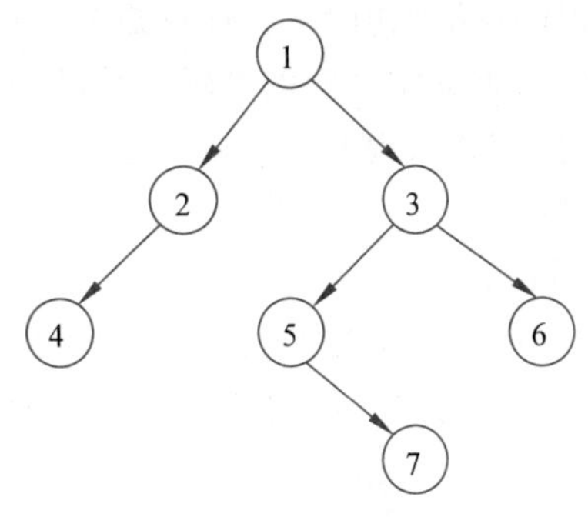

图 1.5　例 1.5 的逻辑结构图

1.1.3　存储结构

数据结构在计算机中的表示称为数据的存储结构，也称物理结构，包括元素的表示和关系的表示。存储结构主要有两种：顺序存储结构和链式存储结构。

1. 顺序存储结构

顺序存储结构是把逻辑上相邻的元素存储在一组地址连续的存储单元中，其元素之间的逻辑关系由物理位置的相邻关系表示。

【例 1.6】 设有一个城市表 City，如表 1.3 所示。假设每个元素占用 30 个存储单元，数据从 100 号单元开始存储，对应的顺序存储结构如图 1.6 所示。

表 1.3　城市表

城　　市	区　　号
Beijing	010
Shanghai	021
Tianjin	022
Nanjing	025
Chengdu	028

地址	城市名	区号
100	Beijing	010
130	Shanghai	021
160	Tianjin	022
190	Nanjing	025
210	Chengdu	028

图 1.6　City 的顺序存储结构

顺序存储结构的主要优点是节省存储空间。因为分配的存储单元全部用于存放元素的数据，数据元素之间的逻辑关系没有占用额外的存储空间。

顺序存储结构的主要缺点是不便于修改，在进行插入和删除运算时，可能需要移动一系列的元素。

2. 链式存储结构

顺序存储结构要求数据元素按地址逐个连续存放，需要占用一块较大的连续存储区域；而链式存储结构将每个数据元素单独存放，称为一个结点，无须占用一整块存储空间。但为了表示结点之间的关系，需要给每个结点附加指针字段，用于存放下一个结点的存储地址。图 1.7 给出了 City 的链式存储结构。

地址	城市名	区号	下一个结点地址
100	Nanjing	025	130
130	Chengdu	028	^
160	Beijing	010	210
190	Tianjin	022	100
210	Shanghai	021	190

图 1.7 City 的链式存储结构

链式存储结构的主要优点是便于修改，在进行插入和删除运算时，仅需修改结点的指针域，不必移动结点，主要缺点是存储空间的利用率较低，因为分配的存储单元有一部分用于存放数据元素之间的逻辑关系。

1.1.4 抽象数据类型

抽象数据类型(Abstract Data Type，ADT)是指一个数学模型以及定义在该模型上的一组操作。抽象数据类型的定义取决于它的一组逻辑特性，而与其在计算机内部如何表示和实现无关，即不论其内部结构如何变化，只要它的数学特性不变，就不会影响其外部的使用。

抽象数据类型和数据类型实质上是一个概念。例如，各种计算机都拥有的整数类型就是一个抽象数据类型，尽管它们在不同处理器上的实现方法可以不同，但由于其定义的数学特性相同，在用户看来都是相同的。因此，"抽象"的意义在于数据类型的数学抽象特性。

抽象数据类型的范畴更广，它不再局限于前述各处理器中已定义并实现的数据类型，还包括用户在设计软件系统时自己定义的数据类型。为了提高软件的重用性，在现代程序设计方法学中，要求在构成软件系统的每个相对独立的模块上定义一组数据和施于这些数据上的一组操作，并在模块的内部给出这些数据的表示及其操作的细节，模块的外部使用的只是抽象的数据及抽象的操作，这就是面向对象的程序设计方法。

抽象数据类型的定义可以由一种数据结构和定义在其上的一组操作组成，而数据结构又包括数据元素及元素间的关系，因此抽象数据类型一般可以由元素、关系及操作三种要素定义。和数据结构的形式定义相对应，抽象数据类型可用以下三元组表示：

```
Abstract_Data_Type=(D,R,P)
```

其中，D是数据元素的有限集，R是D上的关系的有限集，P是对D的基本运算集。本书采用以下格式定义抽象数据类型：

```
ADT 抽象数据类型名{
    数据对象定义;
    数据关系定义;
    数据运算定义;
}抽象数据类型名
```

其中，数据运算的定义格式为：

```
基本运算名(参数表)
{
    初始条件描述;
    操作结果描述;
}
```

【例1.7】 复数ADT定义。

```
ADT  Complex
{
    //数据对象:
    D={(a,b)|a,b 为实数}
    //数据关系:
    R={<a,b>|a 为复数的实部,b 为复数的虚部}
    //数据运算:
    assign(intx,y,&z)                                        //存储一个复数
    //操作结果:输入两个整数 x,y,返回复数 z。
    add(z1,z2,&z)                                            //复数加法
    //操作结果:用 z 返回两个复数 z1 和 z2 的和。
    subtraction(z1,z2,&z)                                    //复数减法
    //操作结果:用 z 返回两个复数 z1 和 z2 的差。
    multiplication(z1,z2,&z)                                 //复数乘法
    //操作结果:用 z 返回两个复数 z1 和 z2 的积。
    division(z1,z2,&z)                                       //复数除法
    //操作结果:用 z 返回两个复数 z1 和 z2 的商。
}ADT Complex
```

1.2 算　法

算法是对特定问题求解步骤的一种描述。一个算法应该具有以下5个特性。

① 有穷性。一个算法必须总是在执行有穷步之后结束，且每一步都应在有限时间内完成。

② 确定性。算法中的每一步必须有确切的含义，不存在二义性。

③ 可行性。算法中的每一步都可以通过已经实现的基本运算执行有限次实现。

④ 输入。一个算法有零个或多个输入，这些输入取自于某个特定的数据对象集合。

⑤ 输出。一个算法有一个或多个输出，这些输出是同输入有着某种特定关系的量。

1.2.1　算法的描述

描述算法的方法很多，主要有以下三种方式。

① 非形式化方式。如采用自然语言描述算法，这种方法的优点是简单、便于阅读和理解，缺点是不够严谨。

② 半形式化方式。如使用程序流程图等描述算法，这种方法的优点是描述过程简洁明了，缺点是不适于描述复杂的算法。

③ 形式化方式。如采用伪码语言描述算法。伪码语言是介于程序设计语言和自然语言之间的算法描述语言，它忽略程序设计语言中一些严格的语法规则与描述细节，比程序设计语言更易被人理解，又比自然语言更接近程序设计语言，很容易被转换成程序设计语言。常用的伪码语言有类Pascal语言、类C语言等。

本书中的算法都采用C语言的函数描述，主要是为了便于将它们转换成可执行的程序，方便读者上机实验，以加深对算法的理解，从而提高学习兴趣。考虑到直接使用程序设计语言描述会在一定程度上影响读者对算法的阅读和理解，因此书中对算法描述的关键内容都添加了注释。

1.2.2　算法设计的要求

一个好的算法有以下几个标准。

① 正确性。算法应满足具体问题的需求，即算法的执行结果应当满足预先规定的功能和性能要求。

② 高效率。算法的效率是指算法执行时间的长短。对同一个问题，如果有多个算法可供选择，应尽量选择执行时间短的，也就是效率高的算法。算法的效率也称算法的时间复杂度。

③ 低存储量需求。算法的存储量需求是指算法执行期间需要的最大存储空间。对同一个问题，如果有多个算法可供选择，应尽量选择存储量需求低的算法。算法的存储量需求也称算法的空间复杂度。

1.2.3　算法分析

算法分析主要包括两方面：算法的时间复杂度分析和空间复杂度分析。通过考察算法的时间和空间效率对不同的算法进行比较，从而做出选择或进行改进。一般情况下，鉴于运算空间（内存）较为充足，应把算法的时间复杂度作为分析的重点。

1. 算法的时间复杂度

算法执行时间需要通过对应程序的运行时间度量。一个程序运行需要的时间取决于下列因素：

① 实现语言；

② 编译程序产生目标代码的质量；

③ 硬件的速度；

④ 问题的规模（问题的规模是一个和输入有关的量，例如数组的元素个数、矩阵的阶数等）。

显然，同一个算法用不同的语言实现，或者用不同的编译程序进行编译，或者在不同的计算机上运行时，运行所需的时间肯定是不同的，这表明使用绝对的时间单位衡量算法的效率是不合适的。撇开与计算机软硬件有关的因素，可以认为一个特定算法的“运行工作量”的大小只依赖于问题的规模 n，或者说它是问题规模的函数。

一个算法是由控制结构和问题的基本操作构成的，因此，一个算法的“运行工作量”就可以用该基本操作的重复次数表示。

【例 1.8】 两个 N×N 矩阵相乘。

```
void multiplyAB(int a[N][N],int b[N][N])
{
    int i,j,k;
    for(i=0;i<N;++i)
    for(j=0;j<N;++j)
    {
        c[i][j]=0;
        for(k=0;k<N;++k)
        c[i][j]+=a[i][k] * b[k][j];
    }
}                                        //multiplyAB
```

在此算法中，“乘法”运算是“矩阵相乘”问题的基本操作。由于该基本操作位于三层嵌套循环的最内层，因此其重复次数为 n^3，整个算法的执行时间可记作 $T(n)=O(n^3)$。

一般情况下，算法中基本操作重复执行的次数是问题规模 n 的某个函数，算法的时间量度记作：

$$T(n)=O(f(n))$$

它表示随着 n 的增大，算法执行时间的增长率和 f(n)的增长率相同。T(n)称作算法的渐近时间复杂度，简称**时间复杂度**（Time Complexity）。

问题的基本操作应是其重复执行次数和算法的执行时间呈正比的操作。多数情况下，它是最深层循环内的语句中的操作，它的执行次数和包含它的语句频度相同。语句的**频度**（Frequency Count）是指该语句重复执行的次数。

【例 1.9】 给出以下算法的时间复杂度。

```
void  func1(int n)
{
    int i,s;
    for(i=1;i<=n;++i) s+=i;
}
```

解：问题的基本操作是“加法”，包含该操作的语句的频度为 n，因此本算法的时间复杂度为 O(n)。

【例 1.10】 给出以下算法的时间复杂度。

```
void  func2(int n)
{
    int i,s;
    for(i=1;i<=n;++i)
    for(j=1;j<=i;++j)
        s*=i;
}
```

解：问题的基本操作是“乘法”，包含该操作的语句的频度为

$$1+2+3+\cdots+n=n(n+1)/2$$

因此，本算法的时间复杂度为 $O(n^2)$。

如果一个算法的基本操作的重复次数是一个固定值，而与问题规模无关，则算法的时间复杂度为 O(1)，称为常量阶。例 1.9 中算法的时间复杂度为 O(n)，称为线性阶；例 1.10 中算法的时间复杂度为 $O(n^2)$，称为平方阶。算法还可能呈现的时间复杂度有立方阶 $O(n^3)$、对数阶 $O(\log_2 n)$、指数阶 $O(2^n)$ 等。常量阶、线性阶、平方阶和立方阶都是多项式阶的一种。不同数量级时间复杂度的性状如图 1.8 所示。

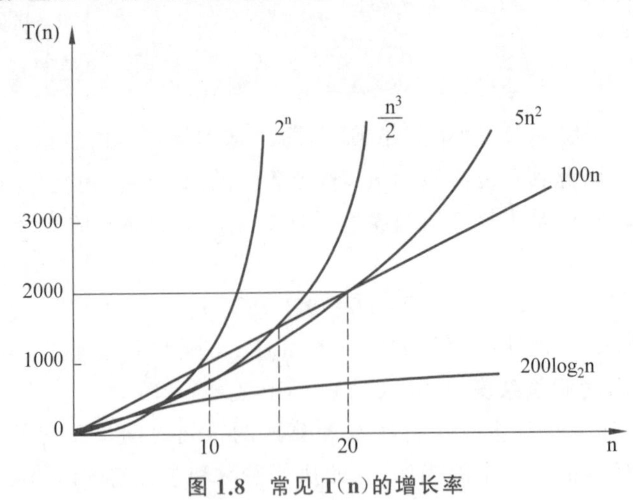

图 1.8 常见 T(n)的增长率

从图1.8中可见，当n取得很大时，指数阶算法和多项式阶算法的所需时间非常悬殊。因此，应该尽量设计多项式阶的算法，避免指数阶的算法。只要有人能将现有指数阶算法中的任何一个算法化简为多项式阶算法，就会取得一个伟大的成就。

有的情况下，算法中基本操作重复执行的次数还随着问题的输入数据集的不同而不同。

【例1.11】 冒泡排序的算法描述如下，分析其时间复杂度。

```
void bubble-sort(int a[],int n)
{
    int i,j,change,temp;
    for(i=n-1;change=1;i>1 && change;--i)
    {
        change=0;
        for(j=0;j<i;++j)
        if (a[j]>a[j+1]) {
            temp= a[j];
            a[j] =a[j+1];
            a[j+1]=temp;
            change=1;
        }
    }
}
```

解：在上述冒泡排序算法中，问题的基本操作是“交换序列中相邻两个元素”，初始序列的状态不同，该基本操作的重复次数也有很大不同。

① 最好情况：当初始序列为自小至大有序时，基本操作的重复次数为0，时间复杂度为O(1)。

② 最坏情况：当初始序列为自大至小有序时，基本操作的重复次数为

$$1+2+3+\cdots+n-1=n(n-1)/2$$

时间复杂度为$O(n^2)$。

③ 平均情况：假设初始序列可能出现的排列情况(共n！种)的概率相等，则时间复杂度为$O(n^2)$。

通常，时间复杂度的评价指标可以分为以下三种。

最好时间复杂度：在最好情况下执行一个算法所需的时间。

最坏时间复杂度：在最坏情况下执行一个算法所需的时间。

平均时间复杂度：在平均情况下执行一个算法所需的时间。

2. 算法的空间复杂度

算法的**空间复杂度**(Space Complexity)是指执行算法过程中使用的额外存储空间的开销，不包括算法程序代码和处理的数据本身占用的空间部分。通常，额外空间与问题的规模有关，类似于算法的时间复杂度，算法的空间复杂度记作：

$$S(n)=O(f(n))$$

其中，n 为问题的规模(或大小)。

若额外空间相对于输入数据量是常数，则称此算法为原地工作。

1.3 本章小结

数据结构是相互之间存在一种或多种特定关系的数据元素的集合。数据结构包括数据的逻辑结构、数据的存储结构以及数据的运算。

数据元素之间的逻辑关系称为数据的逻辑结构，主要有线性结构、树状结构和图状结构。

数据结构在计算机中的表示称为数据的存储结构。基本的存储结构有顺序存储结构和链式存储结构两种。

算法是对特定问题求解步骤的一种描述。算法的设计既要保证正确性，也必须考虑算法的效率和对存储量的需求。

习 题 1

一、选择题

1. 算法分析的两方面是(　　)。

A. 空间复杂性和时间复杂性　　B. 正确性和简明性

C. 可读性和文档性　　D. 数据复杂性和程序复杂性

2. 一个算法的时间复杂度为($n^2+n\log_2 n+14$)，其数量级表示为(　　)。

A. $O(n^2)$　　B. $O(n)$

C. $O(\log_2 n)$　　D. $O(1)$

二、问答题

1. 简述下列术语：数据、数据元素、数据对象、数据结构。

2. 什么叫数据的逻辑结构？主要有哪几种？

3. 有图 1.9 所示的逻辑结构图，试给出其数据结构的表示。

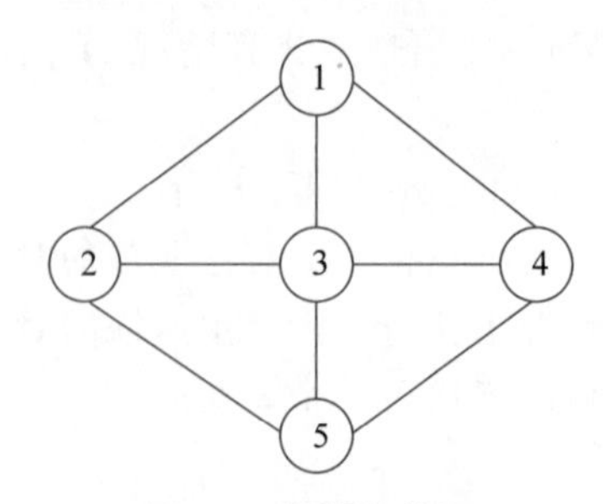

图 1.9　逻辑结构图

4. 什么叫数据的存储结构？基本的存储结构有哪几种？

5. 试述顺序存储结构和链式存储结构的区别。

6. 试述算法的五个重要特性。

7. 算法的时间复杂度和空间复杂度分别是什么?

8. 给出下列程序段的时间复杂度。

(1)

```
s=0;
for(i=1;i<n;i++)
    s+=a[i];
```

(2)

```
for(i=0;i<n;i++)
    for(j=i;j<n;j++)
        a[i][j]=i+j;
```

(3)

```
i=1;
while (i<=n)
    i=i*2;
```

(4)

```
k=0;
    for (i=1; i<=n; i++)
    for (j=1; j<=n; j++)
        k++;
```

三、算法题

试编写算法,将3个整数a、b和c按从小到大的次序输出。

第2章 线性表

本章学习目标

- 了解线性表的逻辑结构特点；
- 理解顺序表存储结构和单链表存储结构的优缺点；
- 熟练掌握顺序表存储结构和单链表存储结构下的基本运算实现算法；
- 熟练掌握线性表在实际问题中的应用。

本章主要介绍线性表的逻辑结构和存储结构、相关算法的实现以及线性表的应用。

2.1 线性表的抽象数据类型

一个线性表是由n(n≥0)个数据元素(结点)组成的有限序列。这里的数据元素只是一个抽象的符号,其具体含义在不同的情况下可以不同,它可以是一个字符、一个数或一个记录,也可以是更复杂的信息。

【例2.1】 线性表举例。

线性表一：26个大写英文字母组成的字母表(A,B,C,…,Z)。表中的数据元素是单个字母字符。

线性表二：某学生五门课的成绩列表(76,87,88,80,92)。表中的数据元素是整数。

线性表三：某班级学生信息表(表2.1所示)。表中的数据元素是一个记录,其中包括姓名、学号、性别和年龄4个数据项。

表2.1 学生信息表

姓　名	学　号	性　别	年　龄
王　琳	021108101	女	19
马小明	021108102	男	20
李晓俊	021108103	男	19
⋮	⋮	⋮	⋮

从以上例子可以看出，线性表中的元素可以是各种各样的，但同一线性表中的元素必定具有相同特性，即属于同一数据对象。

一个线性表可记为：

$$(a_1, a_2, \cdots, a_{i-1}, a_i, a_{i+1}, \cdots, a_n), n \geqslant 0$$

其中，n 为表的长度，当 n=0 时，称为空表，称 i 为 a_i 在线性表中的位序。

表中 a_{i-1} 领先于 a_i，称 a_{i-1} 是 a_i 的直接前驱，a_{i+1} 是 a_i 的直接后继。

在非空的线性表中，有且仅有一个开始结点 a_1，它没有直接前趋，而仅有一个直接后继 a_2；有且仅有一个终端结点 a_n，它没有直接后继，而仅有一个直接前趋 a_{n-1}；其余的内部结点 $a_i(2 \leqslant i \leqslant n-1)$ 都有且仅有一个直接前趋 a_{i-1} 和一个直接后继 a_{i+1}。可见，线性表是一种典型的线性结构。

线性表的抽象数据类型定义如下：

ADT List{

数据对象：$D=\{a_i \mid a_i \in ElemSet, i=1,2,\cdots,n, n \geqslant 0\}$

数据关系：$R=\{<a_i, a_{i+1}> \mid a_i, a_{i+1} \in D, 1 \leqslant i \leqslant n-1\}$

基本操作：

InitList(&L)

初始条件：线性表 L 不存在。

操作结果：构造一个空的线性表 L。

DestroyList(&L)

初始条件：线性表 L 已存在。

操作结果：销毁线性表 L。

CLearList(&L)

初始条件：线性表 L 已存在。

操作结果：将线性表 L 重置为空表。

ListEmpty (L)

初始条件：线性表 L 已存在。

操作结果：若 L 为空表，则返回 TRUE，否则返回 FALSE。

ListLength (L)

初始条件：线性表 L 已存在。

操作结果：返回线性表中的所含元素的个数

GetElem(L,i)

初始条件：线性表 L 存在，且 $1 \leqslant i \leqslant n$。

操作结果：返回线性表 L 中的第 i 个元素的值或地址。

LocateElem(L,e)

初始条件：线性表 L 存在。

操作结果：返回在 L 中首次出现的值为 e 的那个元素的序号或地址。若在 L 中未找到值为 e 的数据元素，则返回一个特殊值，表示查找失败。

ListInsert(&L,i,e)

初始条件：线性表 L 存在，且 $1 \leqslant i \leqslant n+1$。

操作结果：在线性表 L 的第 i 个位置上插入一个值为 e 的新元素，插入完成后使 L 的表长增加 1。

```
    ListDelete (&L,i)
    初始条件:线性表 L 存在,且 1≤i≤n。
    操作结果:在线性表 L 中删除序号为 i 的数据元素,删除完成后使 L 的表长减 1。
}ADT List
```

应用上述抽象数据类型定义中的基本运算,可以实现线性表的其他运算,如求任一给定数据元素的直接前驱或直接后继,将两个线性表合并成一个线性表,或将一个线性表拆分成两个线性表等。在实际应用中,可以根据具体需要选择适当的基本运算。

以上是在逻辑层面上建立的线性表的抽象数据类型,尚未涉及它的存储结构,而基本运算的具体算法只有在存储结构确立之后才能实现。

2.2 线性表的顺序存储结构

线性表的顺序存储是指在内存中用地址连续的一块存储空间依次存放线性表的数据元素,用这种存储形式存储的线性表称为顺序表。

假设每个数据元素占 d 个存储单元,且将 a_i 的存储地址表示为 $Loc(a_i)$,则有如下关系:

```
Loc(ai)=Loc(a1)+(i-1)*d
```

式中,$Loc(a_1)$是线性表的第一个数据元素 a_1 的存储地址,通常称作线性表的基地址。只要确定了线性表的基地址,线性表中任一数据元素都可随机存取,因此,线性表的顺序存储结构是一种随机存取的存储结构。

图 2.1 所示的顺序表的存储结构中的 b 为线性表的基地址。从图 2.1 中可以看出,顺

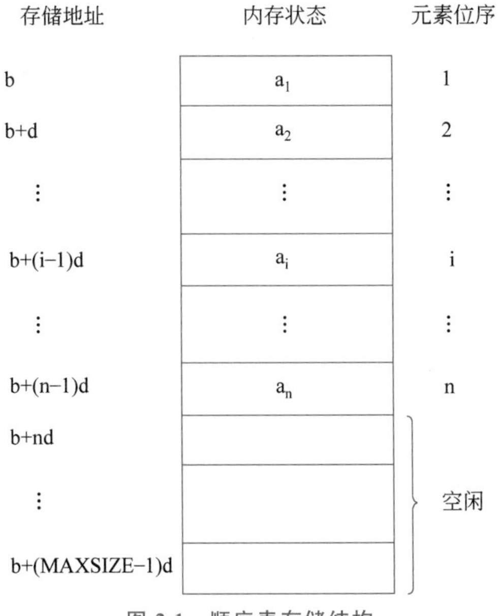

图 2.1 顺序表存储结构

序表有一个特点：表中逻辑上相邻的元素在存储位置上也是相邻的。换句话说，顺序表是以“物理位置相邻”表示线性表中数据元素之间的逻辑关系的。

2.2.1 顺序表的类型定义

由于高级程序设计语言中的数组类型具有随机存取的特性，因此通常用数组描述顺序表。假设线性表的数据元素的类型为 ElemType(在实际应用中，此类型应根据实际问题中出现的数据元素的特性具体定义为 int 或 char 类型等)，则在 C/C++ 语言中，可用下述类型定义描述顺序表。

```
#define MAXSIZE  100                              //顺序表的容量
typedef struct
{
    ElemType data[MAXSIZE];                       //存放顺序表的元素
    int len;                                      //顺序表的实际长度
}SqList;
```

常量 MAXSIZE 称为顺序表的容量，表示线性表实际可能达到的最大长度，其值通常根据具体问题的需要而定。数据域 data 是一个一维数组，用于存放顺序表的元素，len 表示顺序表当前的长度。

2.2.2 线性表基本运算在顺序表上的实现

所谓“实现”，就是指设计出完成该运算功能的算法，运算的实现必须以存储结构的类型定义为前提。下面讨论的线性表基本运算实现是以顺序表类型定义 SqList 为基础的。在线性表的顺序存储结构下，线性表的许多操作都比较容易实现，值得注意的是，C 语言中数组的下标从 0 开始，因此，若 L 是 SqList 类型的顺序表，则表中第 i 个元素是 L.data[i−1]。下面重点讨论线性表的插入和删除两种操作的实现方法，其他四种操作由于实现起来较容易，因此直接给出算法。

1. 初始化线性表运算

```
void InitList(SqList &sq)
{
  sq.len=0;
}
```

2. 求线性表长度运算

```
int ListLength (SqList sq)
{
  return(sq.len);
}
```

3. 求线性表中第 i 个元素运算

```
ElemType GetElem(SqList sq,int i)
{
  if (i<1 || i>sq.len)                          //i 值不合法
    return 0;
  else
    return(sq.data[i-1]);
}
```

4. 按值查找运算

```
int LocateElem(SqList sq, ElemType e)
{
  int i=0;
  while (i<sq.len) && (sq.data[i]!=e) i++;    //将表中元素逐个与 e 比较
  if (i>=sq.len)
    return 0;
  else
    return i+1;
}
```

5. 插入元素运算

线性表的插入运算是指在表的第 i(1≤i≤n+1)个位置上插入一个新结点 e,使长度为 n 的线性表

$$(a_1, \cdots, a_{i-1}, a_i, \cdots, a_n)$$

变成长度为 n+1 的线性表

$$(a_1, \cdots, a_{i-1}, e, a_i, \cdots, a_n)$$

数据元素 a_{i-1} 和 a_i 之间的逻辑关系发生了变化。由于顺序表是以"物理位置相邻"表示线性表中数据元素之间的逻辑关系的,因此,除非插入在表尾,否则必须移动元素才能反映这个逻辑关系的变化。

一般情况下,在第 i(1≤i≤n)个元素之前插入一个元素需要将第 n~i 个元素向后移动一个位置。算法如下:

```
int ListInsert(SqList &sq ,int i, ElemType e)
{
  int j;
  if (i<1||i>sq.len+1) return 0;               //i 值不合法
  for (j=sq.len-1;j>=i-1;j--)                  //插入位置及之后的元素右移
    sq.data[j+1]= sq.data[j];
```

```
  sq.data[i-1]=e;                                    //插入 e
  sq.len++;                                          //表长增 1
  return 1;
}
```

6. 删除元素运算

线性表的删除运算是指删除表中第 i(1⩽i⩽n)个位置上的元素，使长度为 n 的线性表

```
(a1,…,ai-1,ai,…,an)
```

变成长度为 n−1 的线性表

```
(a1,…,ai-1,ai+1,…,an)
```

数据元素 a_{i-1}、a_i 和 a_{i+1} 之间的逻辑关系发生了变化。为了在存储结构上反映这个变化，同样需要移动元素。

一般情况下，删除第 i(1⩽i⩽n)个元素需要将第 i+1～n 个元素向前移动一个位置。算法如下：

```
int ListDelete (SqList &sq ,int i)
{
  int j;
  if (i<1 || i>sq.len)   return 0;                   //i 值不合法
  int e=sq.date[i-1];
  for (j=i;j<sq.len;j++)                             //被删除元素之后的元素左移
    sq.data[j-1]= sq.data[j];
  sq.len--;                                          //表长减 1
  return 1;
}
```

从线性表基本运算的实现算法中容易看出，顺序表的“求表长”和“求线性表中第 i 个元素”的时间复杂度均为 O(1)，按值查找运算的基本操作是“比较”，若存在和 e 相同的元素值 sq.data[i]，则比较次数为 i+1，否则为 sq.len，所以该算法的时间复杂度为 O(n)。

当在顺序表中插入或删除一个数据元素时，其时间主要耗费在移动元素上，而移动元素的个数取决于插入或删除元素的位置。

1. 插入

当在顺序表的表尾插入一个数据元素时，无须移动元素，即所需移动元素的次数为 0；而当在顺序表的表头插入一个数据元素时，需将表中现有的 n 个元素都后移，即所需移动元素的次数为 n。在顺序表中，共有 n+1 个可以插入元素的位置。假设 $p_i\left(p_i=\dfrac{1}{n+1}\right)$是在第 i 个位置插入一个元素的概率，则在长度为 n 的线性表中插入一个元素时所需移动元素的

平均次数为：

$$\sum_{i=1}^{n+1} p_i(n-i+1)=\sum_{i=1}^{n+1}\frac{1}{n+1}(n-i+1)=\frac{1}{n+1}\sum_{i=1}^{n+1}(n-i+1)$$
$$=\frac{1}{n+1}\times\frac{n(n+1)}{2}=\frac{n}{2}$$

因此，插入算法的平均时间复杂度为 O(n)。

2. 删除

当删除顺序表的表尾元素时，无须移动元素，即所需移动元素的次数为 0；而当删除顺序表的表头元素时，需将表中位于 1～n−1 位置上的元素都前移，即所需移动元素的次数为 n−1。在顺序表中，共有 n 个可以被删除的元素。假设 $q_i\left(q_i=\frac{1}{n}\right)$是删除第 i 个位置上元素的概率，则在长度为 n 的线性表中删除一个元素时所需移动元素的平均次数为：

$$\sum_{i=1}^{n} q_i(n-i)=\sum_{i=1}^{n}\frac{1}{n}(n-i)=\frac{1}{n}\sum_{i=1}^{n}(n-i)=\frac{1}{n}\times\frac{n(n-1)}{2}=\frac{n-1}{2}$$

因此，删除算法的平均时间复杂度为 O(n)。

2.2.3 顺序表的应用举例

【例 2.2】 编写算法，从顺序表中删除自第 i 个元素开始的 k 个元素。

算法思路：为保持顺序表的逻辑特性，需将 i+k～n 位置的所有元素依次前移 k 个位置。另外，由于顺序表的元素减少了 k 个，故应将顺序表的长度减 k。具体过程如算法 2.1 所示。

【算法 2.1】

```
int deleteK(Sqlist &sq,int i,int k)
{
    if (i<1 || k<1 || i+k-1>sq.len) return 0;     //检查 i 和 k 的合法性
    for (j=i+k-1;j<=sq.len-1;j++)   //将 i+k ~ n 位置的所有元素依次前移 k 个位置
        sq.data[j-k]=sq.data[j];
    sq.len-=k;                                     //顺序表的长度减 k
    return 1;
}                                                  //deleteK
```

【例 2.3】 已知有两个按元素值递增有序的顺序表 La 和 Lb，设计一个算法将表 La 和表 Lb 的全部元素归并为一个按元素值递增有序的顺序表 Lc。

算法思路：用 i 扫描顺序表 La，用 j 扫描顺序表 Lb。当表 La 和表 Lb 都未扫描完时，比较两者的当前元素，将较小者插入表 Lc 的表尾，若两者的当前元素相等，则将这两个元素依次插入表 Lc 的表尾。最后，将尚为扫描完的顺序表的余下元素依次插入表 Lc 的表尾。具体过程如【算法 2.2】所示。

【算法 2.2】

```
void MergeList_Sq(SqList La, SqList Lb, SqList &Lc)
```

```
{   int i=0,j=0,k=0;
    while (i< La.len && j<Lb.len)               //表 La 和表 Lb 都未扫描完时
    {   if (La. data[i]< Lb. data [j])
             {  Lc.data [k]= La.data [i];i++;k++;}
        else if (La.data [i]> Lb.data [j])
                    {Lc. data [k]= Lb. data [j];j++;k++;}
                else {Lc. data [k]= La. data [i];i++;k++;
                    Lc. data [k]= Lb. data [j];j++;k++;}
    }
    while (i<La.len) {Lc. data [k]= La.data [i];i++;k++;}
                                                //将表 La 的余下部分插入表 Lc
    while (j<Lb.len) {Lc. data [k]= Lb. data [j];j++;k++;}
                                                //将表 Lb 的余下部分插入表 Lc
    Lc.len=k;                                   //置表 Lc 的实际长度
}                                               //MergeList_Sq
```

若表 La 和表 Lb 的长度分别是 m 和 n，则本算法的时间复杂度为 O(m+n)。

【例 2.4】 已知线性表(a_1,a_2,…,a_n)按顺序存储，且每个元素都是互不相等的整数。设计算法，把所有奇数移到所有的偶数前边(要求时间最少，辅助空间最少)，并给出完整的程序。

解题思路：先定义顺序表的类型，并根据题意将 ElemType 设为 int 型；然后设计一个算法 move 把所有奇数移到所有偶数的前边；最后在主函数中调用实现移动算法的函数。

算法 move 的思路：从左向右找到偶数 sq.data[i]，从右向左找到奇数 sq.data[j]，将两者交换；重复此过程，直到 i 大于 j 为止。

完整的程序如下：

```
#include <stdio.h>
#define  MAXSIZE  20
typedef  int  ElemType;
typedef  struct
{   ElemType  data[MAXSIZE];
    int   len;
} SqList;
void move(SqList &sq)
{   ElemType t;
    int i=0,j=sq.len-1;
    while(i<=j){
        while (sq.data [i]%2==1) i++;         //从左向右找到偶数 sq.data [i]
        while (sq.data [j]%2==0) j--;         //从右向左找到奇数 sq.data [j]
        if (i<j) { t=sq.data [i];
                   sq.data [i]=sq. data [j];
                   sq.data [j]=t;
                   i++; j--;
                 }
```

```
    }
}
void main()
{ SqList  sqA;
  int i;
  printf("input data of sqA:");
  for (i=0;i<10;i++)  scanf("%d",sqA.data[i]);
  sqA.len=10;
  move(sqA);                                    //调用 move 完成移动
  printf("data of sqA:");
  for (i=0;i<10;i++) printf("%5d",sqA.data[i]);
}
```

2.3　线性表的链式存储结构

从 2.2 节的讨论中可见,线性表的顺序存储结构的特点是逻辑关系上相邻的两个元素在物理位置上也相邻,因此可以随机存取表中的任一元素。但在做插入和删除操作时,需要移动大量元素。本节将讨论线性表的链式存储结构,它不要求逻辑上相邻的元素在物理位置上也相邻,因此没有顺序表的弱点,但也失去了顺序表可随机存取的优点。

2.3.1　单链表的类型定义

线性表的链式存储结构(简称链表)是指用一组任意的存储单元依次存放线性表的结点,这组存储单元既可以是连续的,也可以是不连续的,甚至是零散分布在内存中的任意位置上的。因此,链表中结点的逻辑次序和物理次序不一定相同。为了能正确表示结点间的逻辑关系,在存储每个结点值的同时,还必须存储指示其后继结点的地址(或位置)信息,这两部分组成了链表中的结点结构(图 2.2)。

data	next

图 2.2　单链表结点结构

其中,data 域是数据域,用来存放结点的值。next 是指针域(亦称链域),用来存放结点的直接后继的地址(或位置)。链表正是通过每个结点的链域将线性表的 n 个结点按其逻辑次序链接在一起的。由于上述链表的每一个结点只有一个链域,故将这种链表称为单链表。

例如,线性表(Beijing,Chongqing,Guangzhou,Hangzhou,Nanjing,Shanghai,Tianjin)的单链表结构如图 2.3 所示。

整个单链表的存取必须从头结点开始进行,头指针 head 指向第一个结点。同时,由于最后一个结点无后继,故其指针域为空,即 NULL(图示中也可用"∧"表示)。

通常,把链表画成用箭头相链接的结点的序列,结点之间的箭头表示链域中的指针。图 2.3 所示的单链表可画成如图 2.4 所示的形式,这样能更形象地表示线性表中元素之间的逻辑顺序。在使用链表时,我们关心的正是这种逻辑关系,而非元素的存储位置。

头指针
head
30

存储地址	数据域	指针域
10	Chongqing	40
20	Shanghai	50
30	Beijing	10
40	Guangzhou	60
50	Tianjin	NULL
60	Hangzhou	70
70	Nanjing	20

图 2.3 单链表示例

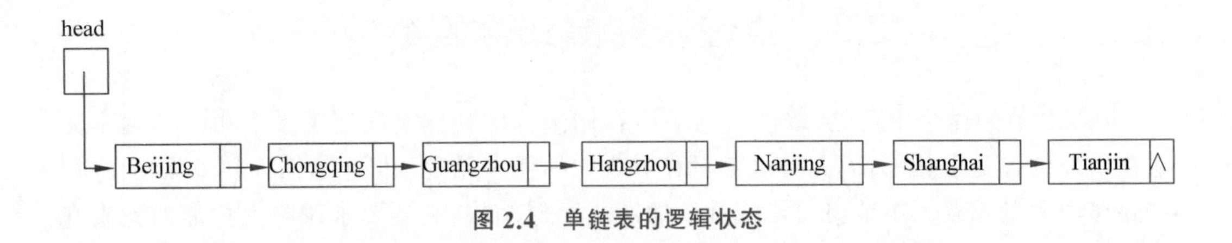

图 2.4 单链表的逻辑状态

由上述可见，单链表可由头指针唯一确定，在 C/C++ 语言中，可用“结构指针”描述。假设数据元素的类型为 ElemType。单链表的结点类型定义如下：

```
typedef struct LNode
{
    ElemType data;                              //数据域
    struct LNode * next;                        //指针域
} LNode, * LinkList;
```

有了上述的类型定义，就可以用 LNode 或 LinkList 申明单链表头指针的类型了，例如：

```
LNode * head;
```

或

```
LinkList head;
```

若单链表的头指针为“空”(head=NULL)，则表示线性表为“空”表，其长度为 0。有时，为了便于一些运算的实现，在单链表的首结点之前附设一个结点，称为“头结点”。头结点的数据域可以不存储任何信息，也可以存储一些附加信息(如线性表的长度)，当线性表非空时，头结点的指针域存储指向第一个结点的指针；当线性表为空时，头结点的指针域为“空”。此时，单链表的头指针指向头结点，如图 2.5 所示。

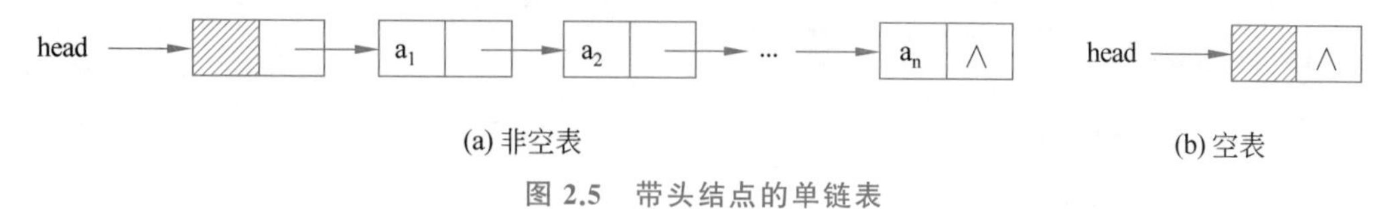

(a) 非空表　　(b) 空表

图 2.5　带头结点的单链表

在单链表中，任何两个元素的存储位置之间都没有固定的联系，每个元素的存储位置都包含在其直接前驱结点的信息中。因此，在单链表中，要想取得第 i 个数据元素，必须从头指针出发寻找。可见，单链表是非随机存取的存储结构。

2.3.2　线性表基本运算在单链表上的实现

下面讨论的运算实现都是在带头结点的单链表结构下进行的。实际上，不带头结点的单链表可很容易地通过添加头结点转换成带头结点的单链表。

1. 初始化线性表

初始化操作就是要创建一个空的单链表。先创建一个头结点，并将单链表的头指针指向该头结点，然后将头结点的 next 域置为空，data 域不设任何值。

```
void InitList(LinkList &h)
{
    h=(LNode *)malloc(sizeof(LNode));        //创建头结点
    h->next=NULL;
}
```

2. 求线性表长度

线性表的长度在单链表中体现为结点的个数(不包括头结点)。用 i 作为计数器，p 作为工作指针，i 初值为 1，p 初始时指向第 1 个结点。指针 p 沿着 next 域逐个移动，每移动一次，i 值增 1。当 p 指向最后一个结点时，i 值即为表长。

```
int ListLength(LinkList h)
{
  int i=1;
  LNode *p=h->next;
  while (p->next!=NULL)                    //当 p 指向最后一个数据结点时,循环停止
  {
    p=p->next; i++;                        //指针 p 沿着 next 域移动一次,i 值增 1
  }
  return i;
}
```

3. 求线性表中第 i 个元素

在单链表中从第 1 个结点出发，指针 p 沿着 next 域逐个移动，直到 p 指向第 i 个结点

为止。

```
LNode *GetElem(LinkList h,int i)
{
  int j=1;
  LNode *p=h->next;
  if (i<1 || i> ListLength(h)) return NULL;      //i 值不合法
  while (j<i)                                    //从第 1 个结点开始,查找第 i 个结点
  {
    p=p->next; j++;
  }
  return p;                                      //返回第 i 个结点的指针
}
```

本算法的基本操作是比较 j 和 i,并后移指针 p,该操作的重复次数与被查找元素在表中的位置有关,若查找成功,则频度为 i−1,否则频度为 n。因此,本算法的时间复杂度为 O(n)。

4. 按值查找

在单链表中从第 1 个结点开始,依次将各结点的数据域的值与给定值相比较,若某结点的数据域的值与给定值相等,则返回该结点的指针;否则继续向后比较。若整个单链表中没有这样的结点,则返回 NULL。

```
LNode *LocateElem(LinkList h,ElemType e)
{ LNode *p=h->next;
  while (p!=NULL && p->data!=e)          //从第 1 个结点开始,查找 data 域为 e 的结点
    p=p->next;
  return p;
}
```

5. 插入结点

先创建一个新结点,然后在单链表上找到插入位置的前一个结点,并将新结点插入其后。图 2.6 给出了新结点 s 插入结点 p 后面的指针变化情况。

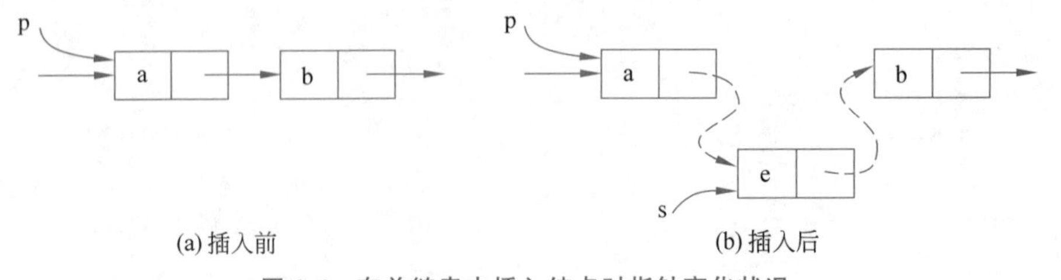

图 2.6 在单链表中插入结点时指针变化状况

```
int ListInsert(LinkList &h,ElemType e,int i)
{
  int j=0;
```

```
  LNode * p=h, * s;
  if (i<1 || i> ListLength(h)+1) return 0;      //i 值不合法
  while (j<i-1)  {p=p->next; j++;}              //从头结点开始,查找第 i-1 个结点
  s = ( LNode * )malloc(sizeof(LNode));         //创建新结点
  s->data=e;
  s->next=p->next; p->next=s;                   //插入链表中
  return 1;
}
```

6. 删除结点

在单链表上找到待删除结点的前一个结点,然后通过修改指针实现元素之间逻辑关系的变化。图 2.7 给出了在单链表中删除结点时指针的变化情况。

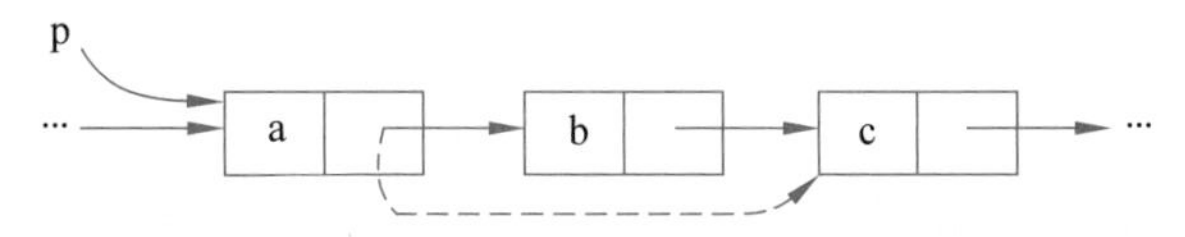

图 2.7　在单链表中删除结点时指针变化状况

```
int ListDelete(LinkList &h,int i)
{
  int j=0;
  LNode * p=h, * q;
  if (i<1 || i> ListLength(h)) return 0;        //i 值不合法
  while (j<i-1)  {p=p->next; j++;}              //从头结点开始,查找第 i-1 个结点
  q=p->next;                                    //删除并释放结点
  p->next=q->next;
  free(q);
  return 1;
}
```

从以上两个算法可以看出,在单链表上实现插入和删除运算时无须移动结点,只须修改指针。插入算法的时间主要耗费在查找插入位置的过程上,删除算法的时间主要耗费在查找待删除结点的过程上,两个算法的时间复杂度均为 O(n)。

7. 输出元素值

从第一个结点开始,沿着 next 域逐个扫描,输出每个扫描到的结点的 data 域,直到终端结点为止。

```
void ListOutput(LinkList h)
{
  LNode  * p=h->next;
  while  (p!=NULL)
  {
```

```
    printf("%5d ", p->data);                     //输出结点的 data 域
    p=p->next;
  }
}
```

8. 建立单链表

1）头插法建表

该方法从一个空表开始，读取数据，生成新结点，将读取的数据存放到新结点的数据域中，然后将新结点插入当前链表的表头上，如此重复，直到读入结束标志为止。具体建表过程如算法 2.3 所示。

【算法 2.3】

```
void CreateListF(LinkList &h,ElemType a[],int n)
{
    LNode * s; int i;
    h=( LNode * )malloc(sizeof(LNode));        //创建头结点
    h->next=NULL;
    for (i=0;i<n;i++)
    { s=( LNode * )malloc(sizeof(LNode));      //创建新结点
      s->data=a[i];
      s->next=h->next; h->next=s;              //将新结点插入到头结点之后
    }
}                                              //CreateListF
```

本算法的基本操作是建立新结点并插入，其重复次数是 n，因此该算法的时间复杂度为 O(n)。

2）尾插法建表

采用头插法生成的链表中结点的次序和读取数据的顺序相反。若希望两者次序一致，可采用尾插法建立。该方法将新结点插入当前链表的表尾上，为此必须增加一个尾指针 r，使其始终指向当前链表的尾结点。具体建表过程如算法 2.4 所示。

【算法 2.4】

```
void CreateListR(LinkList &h,ElemType a[],int n)
{
    LNode  * s, * r; int i;
    h=( LNode * )malloc(sizeof(LNode));     //创建头结点
    r=h;                                    //r 始终指向尾结点，开始时指向头结点
    for (i=0;i<n;i++)
    { s=( LNode * )malloc(sizeof(LNode));   //创建新结点
      s->data=a[i];
      r->next=s; r=s;                       //将新结点插入尾结点之后
    }
    r->next=NULL;                           //将尾结点的 next 域置为空
}                                           //CreateListR
```

本算法与算法2.3类似,时间复杂度也是O(n)。

2.3.3 单链表的应用举例

【例2.5】 设ha和hb分别是两个带头结点的非递减有序单链表的表头指针。试设计一个算法,将这两个有序链表合并成一个非递减有序的单链表,要求结果链表仍使用原来两个链表的空间,表中允许有重复的数据。

算法思路:设立3个指针pa、pb和pc,其中pa和pb分别指向ha和hb表中当前待比较插入的结点,而pc指向hc表中当前最后一个结点。比较pa->data和pb->data,将较小者插入hc的表尾,即链到pc所指结点之后。若pa->data和pb->data相等,则将两个结点均链到pc所指结点之后。如此反复,直到有一个表的元素已归并完(pa或pb为空)为止,再将另一个表的剩余段链接到pc所指结点之后。具体过程如算法2.5所示。

【算法2.5】

```
void MergeList_L(LinkList &ha, LinkList &hb, LinkList &hc)
{
  LNode * pa, * pb, * pc;
  pa=ha->next; pb=hb->next;
  hc=pc=ha;                  //用ha的头结点作为hc的头结点,pc始终指向hc的表尾结点
  while(pa&&pb){
    if(pa->data<pb->data) {pc->next=pa;  pc=pa;pa=pa->next;}
    else  if(pa->data>pb->data) {pc->next=pb;  pc=pb;pb=pb->next;}
        else{ pc->next=pa;pc=pa;pa=pa->next;
              pc->next=pb;pc=pb;pb=pb->next;}
  }
  pc->next=pa? pa:pb;                         //插入剩余段
  free(hb);                                   //释放hb的头结点
}                                             //MergeList_L
```

本算法的基本操作是结点数据的比较和结点的链入,在最坏情况下,对每个结点均需要进行上述操作。因此,若表ha和表hb的长度分别是m和n,则本算法的时间复杂度为O(m+n)。

【例2.6】 编写算法,删除单链表head中的重复结点,即实现图2.8所示的操作。

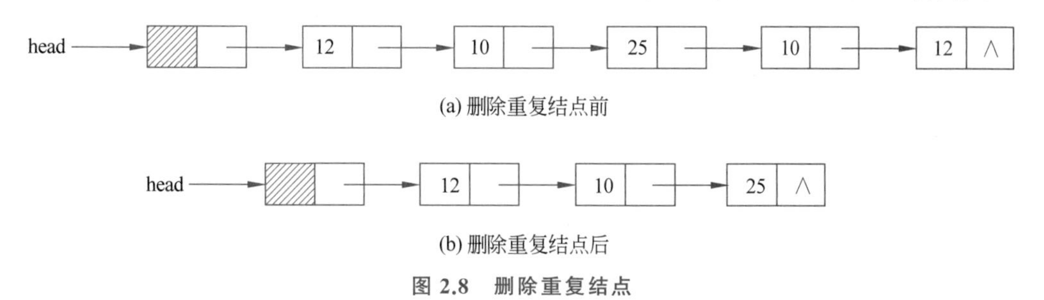

图2.8　删除重复结点

算法思路：用指针 p 指向第一个元素结点，从它的后继结点开始到表的结束，查找与其值相同的结点并删除，p 再指向下一个结点。如此重复，直到 p 指向最后一个结点为止。具体过程如算法 2.6 所示。

【算法 2.6】

```
void ListDel(LinkList &head){
  LNode *p, *q, *r;
  p=head->next;                          //p指向第一个元素结点
  while(p){
    q=p;
    while(q->next){                      //从p所指结点的后继结点开始查找重复结点
        if(q->next->data==p->data){
            r=q->next;                   //找到重复结点,用r指向该结点
            q->next=r->next;             //从链表中摘除r结点
            free(r);
        }
        else  q=q->next;
    }
    p=p->next;                           //p指向下一结点
  }
}                                        //ListDel
```

【例 2.7】 设计算法，根据输入的学生人数和成绩建立一个单链表，并累计其中成绩不及格的人数。要求给出完整的程序。

解题思路：先定义单链表结点的类型，并根据题意将 ElemType 设为 int 型；然后设计一个算法 create，用于输入学生人数和成绩，并建立相应的单链表；设计一个算法 count，用于计算不及格人数；最后在主函数中调用实现上述两个算法的函数。

完整的程序如下：

```
#include <stdio.h>
#include <malloc.h>
typedef  int ElemType;
typedef struct node
{
  ElemType data;                               //数据域
  struct node *next;                           //指针域
} StudNode, *StudLink;
void create(StudLink &sl)
{
  int i,n,score;
  StudNode *s, *r;
  sl=(StudNode*)malloc(sizeof(StudNode)); //创建头结点
  r=sl;                                       //r始终指向尾结点,开始时指向头结点
```

```
  printf("学生人数:");
  scanf("%d",&n);
  for (i=0;i<n;i++){
    s=( StudNode * )malloc(sizeof(StudNode));//创建新结点
    printf("输入成绩:");
    scanf("%d",&score);
    s->data=score;
    r->next=s;                                     //将新结点插入尾结点之后
    r=s;
  }
  r->next=NULL;                                    //将尾结点的 next 域置为空
}
int count(StudLink sl)
{
  int n=0;
  StudNode *p=sl->next;                            //从第一个结点开始扫描整个链表
  while (p!=NULL) {
    if(p->data<60) n++;                            //统计不及格人数
    p=p->next;
  }
  return n;
}
void main()
{ int n;
  StudLink h;
  create(h);                                       //调用 create 建表
  n=count(h);                                      //调用 count 计算不及格人数
  printf("不及格人数:%d\n",n);
}
```

2.3.4　单循环链表

循环链表是线性表链式存储结构的另一种形式，它的特点是表中最后一个结点的指针域指向头结点，整个链表形成一个环。在循环链表中，从任一结点出发均可找到表中的其他结点，如图 2.9 所示。

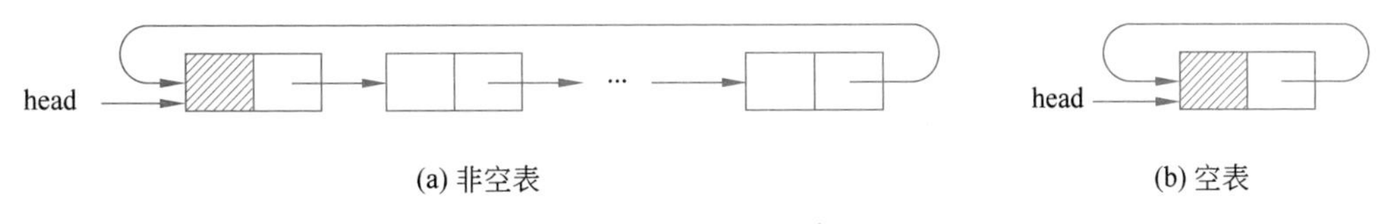

图 2.9　单循环链表

单循环链表的操作和单链表基本一致，差别仅在于算法中的循环条件不是 p 或 p->next 是否为空，而是它们是否等于头指针。例如，求线性表的长度运算在单循环链表上的实现如算法 2.7 所示。

【算法 2.7】

```
int ListLength(LinkList h)
{
  int i=1;
  LNode * p=h->next;
  while (p->next!=h)                    //当 p 指向最后一个数据结点时,循环停止
  {
    p=p->next; i++;                     //指针 p 沿着 next 域移动一次,i 值增 1
  }
  return i;
}                                       //ListLength
```

2.3.5　双向链表

在单链表和单循环链表中,每个结点都只有一个指示直接后继的指针域。因此,从某个结点出发只能顺指针往后寻查其他结点。寻查结点的后继很方便,而寻查结点的前驱则比较困难。为克服这种单向性的缺点,可利用双向链表。

双向链表的结点中有两个指针域,其一指向直接后继,另一指向直接前驱,结点结构如图 2.10(a)所示,在 C 语言中可描述如下:

```
typedef struct DuLNode
{
    ElemType data;                      //数据域
    struct DuLNode * prior;             //指向直接前驱的指针域
    struct DuLNode * next;              //指向直接后继的指针域
} DuLNode, * DuLinkList;
```

和单循环链表类似,双向链表也有循环链表,图 2.10(b)所示为一个空的双向循环链表,图 2.10(c)所示为一个非空的双向循环链表。

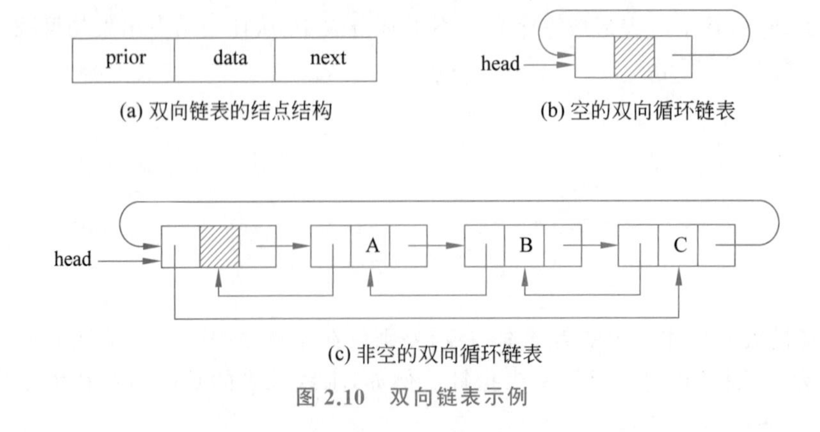

图 2.10　双向链表示例

在双向链表中,有些操作(如 ListLength、GetElem 和 LocateElem 等)仅须涉及一个方向的指针,它们的实现算法和单链表的相应操作一致,但在插入和删除时则有很大的不同,在双向链表中需要同时修改两个方向上的指针。图 2.11 显示了删除结点时的指针修改情况,具体过程如算法 2.8 所示。

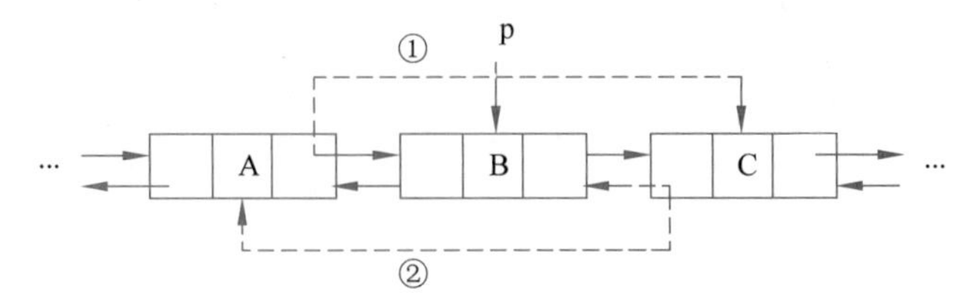

图 2.11　在双向链表中删除结点时的指针修改情况

【算法 2.8】

```
int ListDelete_DuL(DuLinkList &Dh,int i)
{
  int j=0;
  DuLNode * p=Dh;
  if (i<1 || i> ListLength_DuL(Dh)) return 0;   //i 值不合法
  while (j<i)  {p=p->next; j++;}                //从头结点开始,查找第 i 个结点
  p->prior->next=p->next;                       //删除并释放结点
  p->next->prior=p->prior;
  free(p);
  return 1;
}                                               //ListDelete_DuL
```

图 2.12 显示了插入结点时的指针修改情况,具体过程如算法 2.9 所示。

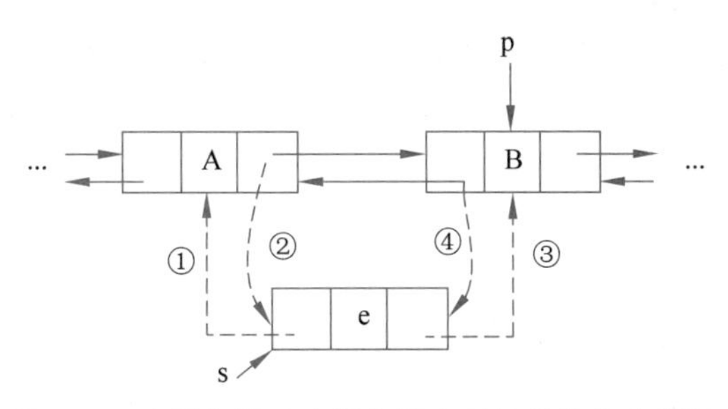

图 2.12　在双向链表中插入结点时的指针修改情况

【算法 2.9】

```
int ListInsert_DuL(DuLinkList &Dh,ElemType e,int i)
{
  int j=0;
  DuLNode * p=Dh, * s;
```

```
    if (i<1‖i> ListLength_DuL(Dh)+1) return 0;   //i 值不合法
    while (j<i)  {p=p->next; j++;}               //从头结点开始,查找第 i 个结点
    s = ( DuLNode * )malloc(sizeof(DuLNode));    //创建新结点
    s->data=e;
    s->prior=p->prior; p->prior->next=s;         //插入链表中
    s->next=p; p->prior=s;
    return 1;
  }                                              //ListInsert_DuL
```

2.4 本章小结

线性表是一种典型的线性结构。线性表中的元素可以是各种各样的,但同一线性表中的元素必须具有相同的特性。

顺序表是以"物理位置相邻"表示线性表中数据元素之间的逻辑关系的,通常用数组描述。顺序表具有以下两个优点:

(1) 节省空间。不必为表示结点间的逻辑关系而增加额外的存储开销。

(2) 随机存取。线性表中任一数据元素都可按序号随机存取。

但顺序表也有以下两个缺点:

(1) 在顺序表中插入或删除一个数据元素时,平均需要移动大约一半的元素,因此,对数据元素较多的顺序表来说,效率较低。

(2) 需要预先分配足够大的存储空间。预先分配过大,会导致空间浪费;预先分配过小,又会造成溢出。

链表是通过每个结点的链域将线性表的各个结点按其逻辑次序链接在一起的,它的优缺点恰好与顺序表相反,优点是:

(1) 无须预先分配存储空间。链表的结点空间可按实际需要动态分配和释放。

(2) 在链表上实现插入和删除运算时,无须移动结点,只需修改指针。

链表的缺点是:

(1) 额外空间需求多。每个元素结点均需要增加额外的空间存储下一个结点的地址。

(2) 不可随机存取。单循环链表的特点是表中最后一个结点的指针域指向头结点,整个链表形成一个环。双向链表的结点中有两个分别指向直接后继和指向直接前驱的指针域,在双向链表中寻查结点的前驱和后继都很方便。

习 题 2

一、填空题

1. 设顺序线性表中有 n 个数据元素,则第 i 个位置上插入一个数据元素需要移动表中(　　)个数据元素,删除第 i 个位置上的数据元素需要移动表中(　　)个元素。

2. 带头结点 head 的单链表的表尾结点 p 的特点是(　　),而单向循环链表尾结点 p 的特点是(　　)。

二、问答题

1. 在链表中设置头结点的作用是什么?

2. 已知 h 是不带头结点的单链表,其中 * p 结点既不是首结点,也不是尾结点。请给出:

(1) 在 * p 结点前插入 * s 结点的语句序列;

(2) 在 * p 结点后插入 * s 结点的语句序列;

(3) 在表首插入 * s 结点的语句序列;

(4) 在表尾插入 * s 结点的语句序列。

3. 分别画出顺序表、单链表、双链表和单循环链表的结构图。

三、算法填空题

以下算法采用尾插法建立一个单链表(结点的域为数据域 data,指针域 next),然后通过一趟遍历确定单链表中元素值最大的结点并输出该结点的数据值。请将该算法填写完整。

```
void CreateLink(LinkList &sl)
{
  int i,n,x;
  LNode * s, * r;
  sl=( LNode * )malloc(sizeof(LNode));
  r=sl;
  printf("input n:");
  scanf("%d",&n);
  printf("input data:");
  for(i=0;i<n;i++)
  {   s=(________);
      scanf("%d",&x);
      ________;
      r->next=s;
      ________;    }
  r->next=NULL;
}
LNode * MaxNode(LNode * sl)
{
  LNode * p=sl->next, * q=p;
  while (________)
  { if (p->data>q->data) ________;
    ________;
  }
  return q;
}
```

四、算法设计题

1. 设线性表 A 采用顺序存储且元素按值递增有序排列。试编写算法，将 x 插入线性表的适当位置，并保持线性表的有序性。

2. 试编写算法，将顺序表中所有值为 e 的元素删除。

3. 已知顺序表 A 和 B，两个表中的元素均按值递增有序排列。试编写算法，将顺序表 A 和 B 中值相同的元素组成一个新的顺序表 C(要求利用表的有序性提高效率)。

4. 设线性表 A 采用链式存储且元素按值递增有序排列。试编写算法，将 x 插入线性表的适当位置，并保持线性表的有序性。

5. 已知 L 是带头结点的单链表，编写算法，从表 L 中删除自第 i 个元素起的共 len 个元素。

6. 已知带头结点的单链表 L 的结点值递增有序，设计一个算法，删除其中所有值大于 min 而小于 max 的结点。

7. 将学生成绩报表按成绩由高到低排列，建立一个有序的单链表，每个结点包括学号、姓名和成绩。

(1) 输入一个学号，如果与链表中的结点的学号相同，则将此结点删除；

(2) 在链表中插入一个学生的记录，使得插入后的链表仍然按成绩由高到低排列。

8. 设 L_a 和 L_b 是两个有序的单循环链表，P_a 和 P_b 分别指向两个表的表头结点，试编写算法，将这两个表归并为一个有序的单循环链表。

9. 假设长度大于 1 的单循环链表中既无头结点，也无头指针，p 为指向该链表中某一结点的指针，编写一个算法，删除该结点的前驱结点。

第3章 栈

本章学习目标

- 了解栈的逻辑结构特点；
- 掌握顺序栈与链栈下栈的基本运算的实现方法；
- 理解递归的概念和栈在递归实现中的作用；
- 利用栈的特点解决实际问题。

本章重点介绍栈的逻辑和存储结构、相关算法的实现以及栈的应用。

3.1 栈的抽象数据类型

从数据的逻辑结构角度看，栈是线性结构的，也是线性表，其特殊性在于栈的基本操作是线性表操作的子集，是一种操作受限的线性表。但从数据类型角度看，栈是和线性表大不相同的，由于它广泛应用于各种软件系统中，所以它是一类非常重要的抽象数据类型。

栈是限制在表的一端进行插入和删除运算的线性表，通常称允许进行插入、删除的一端为栈顶，另一端为栈底。当表中没有元素时，称为空栈。

首先，举一个例子说明栈的结构特征。假设有一个死胡同，其宽度仅够一辆车通行，现有5辆车依次进入此胡同，分别编号为①～⑤，如图3.1所示。当几辆车要退出胡同时，其顺序必须是⑤、④、③、②、①。这里的死胡同就可看作是一个栈，胡同口相当于栈顶，胡同的另一端相当于栈底，进、出胡同可看作栈的插入、删除操作。

图3.1 栈结构示例

假设栈 S=(a_1,a_2,…,a_n)，则称 a_1 为栈底元素，a_n 为栈顶元素。栈中元素按 a_1,a_2,…,a_n 的次序进栈，出栈的次序是 a_n,a_{n-1},…,a_1。换句话说，栈的修改是按后进先出的原则进行的，如图3.2所示。因此，栈又称为后进先出(Last In First Out,LIFO)的线性表。

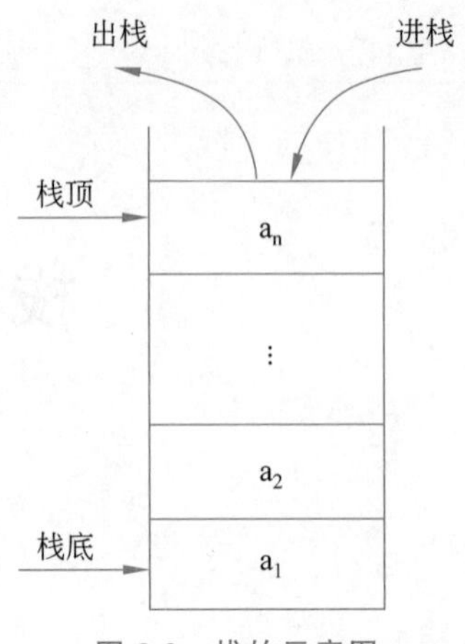

图 3.2 栈的示意图

栈的基本操作除了在栈顶进行插入或删除外，还有栈的初始化、判空及取栈顶元素等。下面给出栈的抽象数据类型的定义。

```
ADT Stack{
  数据对象:D={ai|ai∈ElemSet,i=1,2,…,n,n≥0}
  数据关系:R={< ai,a i+1>| ai ,a i+1∈D,1≤i≤n-1}
           约定 an 端为栈顶,a1 端为栈底
  操作约束:只许在栈顶进行插入和删除运算
  基本操作:InitStack(&S)
  初始条件:栈 S 不存在
  操作结果:构造一个空栈 S
DestroyStack(&S)
  初始条件:栈 S 已存在
  操作结果:销毁栈 S
CLearStack(&S)
  初始条件:栈 S 已存在
  操作结果:将栈 S 清为空栈
StackEmpty (S)
  初始条件:栈 S 已存在
  操作结果:若 S 为空栈,则返回 TRUE,否则返回 FALSE
StackLength (S)
  初始条件:栈 S 已存在
  操作结果:返回栈 S 的元素个数
GetTop(S, &e)
  初始条件:栈 S 已存在且非空
  操作结果:用 e 返回 S 的栈顶元素
Push(&S, e)
  初始条件:栈 S 已存在
  操作结果:插入一个值为 e 的新栈顶元素
```

```
Pop(&S, &e)
  初始条件:栈 S 已存在且非空
  操作结果:删除 S 的栈顶元素,并用 e 返回其值
}ADT Stack
```

【例 3.1】 利用栈的基本运算编写一个算法。输入若干整数,以 0 标识输入的结束,然后按与输入相反次序输出这些整数。

算法思路:利用栈的特点实现,先初始化一个栈,将输入的整数依次进栈,输入完毕后再依次出栈并输出。具体过程如算法 3.1 所示。

【算法 3.1】

```
void Invert()
{
  InitStack(S);                                 //初始化栈 S
  scanf("%d",&n);
  while(n!=0){                                  //整数依次进栈,直至输入为 0
    Push(S,n);
    scanf("%d",&n);
  }
  while(!StackEmpty(S)) {                       //整数依次出栈并输出
    Pop(S,n);
    printf("%5d",n);
  }
}                                               //Invert
```

3.2　栈的顺序存储结构

栈的顺序存储结构简称为顺序栈。顺序栈利用一组地址连续的存储单元依次存放自栈底到栈顶的数据元素,同时用一个变量 top 记录栈顶的位置,通常称此变量为栈顶指针。

3.2.1　顺序栈的类型定义

顺序栈的类型定义如下:

```
#define StackSize 100                           //顺序栈的初始分配空间
typedef struct
{
  ElemType data[StackSize];                     //保存栈中元素
  int top;                                      //栈顶指针
}SqStack;
```

其中，StackSize 是指顺序栈的初始分配空间，是栈的最大容量。数组 data 用于存储栈中的元素，top 为栈顶指针，由于 C 语言中数组的下标约定从 0 开始，因此用 top＝－1 表示栈空。每当插入新的栈顶元素时，指针 top 增 1；删除栈顶元素时，指针 top 减 1。图 3.3 展示了顺序栈中数据元素和栈顶指针的对应关系。

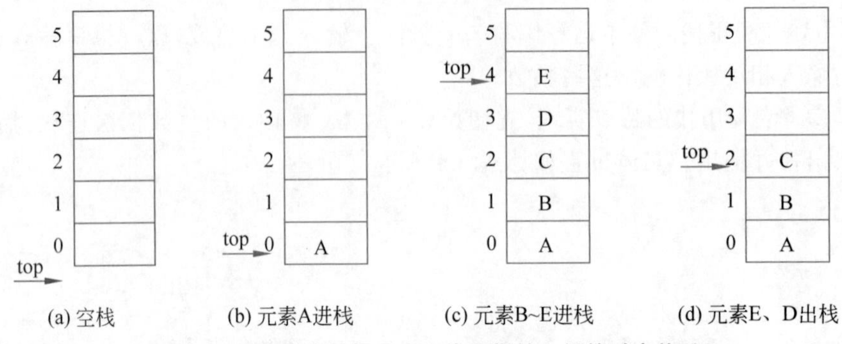

图 3.3 顺序栈中数据元素和栈顶指针之间的对应关系

3.2.2 栈基本运算在顺序栈上的实现

1. 初始化栈运算

```
void InitStack(SqStack st)
{
  st.top=-1;
}
```

2. 进栈运算

```
int Push(SqStack &st,ElemType e)
{
    if (st.top==StackSize-1) return 0;
    else {
          st.top++;
          st.data[st.top]=e;
          return 1;
        }
}
```

3. 出栈运算

```
int Pop(SqStack &st,ElemType &e)
{
    if (st.top==-1)  return 0;
```

```
    else {
            e=st.data[st.top];
            st.top--;
            return 1;
        }
}
```

4. 取栈顶元素运算

```
int GetTop(SqStack st,ElemType &e)
{
    if (st.top==-1) return 0;
    else {
          e=st.data[st.top];
          return 1;
        }
}
```

5. 判断栈空运算

```
int StackEmpty(SqStack st)
{
    if(st.top==-1) return 1;
    else return 0;
}
```

3.2.3　顺序栈的应用举例

【例 3.2】 设计一个算法,判断一个表达式中括号是否匹配。若匹配,则返回 1,否则返回 0。

算法思路:扫描表达式,当遇到左括号时,将其进栈;当遇到右括号时,判断栈顶是否为相匹配的左括号。若不是,则退出扫描过程,返回 0;否则栈顶元素出栈,直到扫描完整个表达式时,若栈为空,则返回 1。具体过程如算法 3.2 所示。

【算法 3.2】

```
int match(char * exps)
{
  flag=0;st.top=-1;
  while(exps[i]!='\0'&& flag==0){
    switch(exps[i])
    {
      case '(':
      case '[':
```

```
        case '{': st.data[++st.top]=exps[i];break;  //各种左括号均进栈
        case ')': if (st.data[st.top]=='(') st.top--;
                  else flag=1;
                  break;
        case ']': if (st.data[st.top]=='[') st.top--;
                  else flag=1;
                  break;
        case '}': if (st.data[st.top]=='{') st.top--;
                  else flag=1;
                  break;
      }
      i++;
    }
    if(flag==0&&st.top==-1) return 1;              //若栈空且符号匹配,则返回 1
    else return 0;                                 //否则返回 0
}                                                  //match
```

【例 3.3】 编写一个算法,将非负的十进制整数转换为其他进制的数输出,10 及其以上的数字用从 A 开始的字母表示,并给出完整的程序。

解题思路:先定义顺序栈的类型,并根据题意将 ElemType 设为 char 型;然后设计一个算法 trans 完成数制的转换;最后在主函数中调用实现转换算法的函数。

算法 trans 的思路:先用“除基取余”法求得从低位到高位的值,同时采用顺序栈暂时存放每次得到的数,当商为 0 时,再从栈顶到栈底输出从高位到低位的数字。

完整的程序如下:

```
#include "stdio.h"
#include "malloc.h"
#define StackSize 100
typedef char ElemType;
typedef struct
{
  ElemType data[StackSize];
  int top;
}SqStack;
int trans(int d,int b,char string[])          //string 用于存放转换后的字符串
{
  SqStack st;
  char ch;
  int r,i=0;
  st.top=-1;                                  //栈初始化
  if (b<=1 || b>36 || b==10)                  //2≤b≤36 且不为 10
  {
```

```
        printf(" b is Error\n"); return 0;
      }
      while(d!=0)
      {
        r=d%b;                              //求余数
        ch=r+(r<10?'0':'A'-10);             //将余数转换为相应的字符
        st.top++;  st.data[st.top]=ch;      //进栈
        d/=b;
      }
      while (st.top!=-1)
      {
        string [i++]=st.data[st.top];       //将出栈的字符放入字符数组 string
        st.top--;
      }
      string [i]='\0';                      //加入字符串结束标志
      return  1;
    }
    void main()
    {
      char str[10];
      int d,b,t;
      printf("input d (d≥0)please:");       //输入待转换的整数
      scanf("%d",&d);
      printf ("input b (2≤b≤36) please:");  //输入待转换的进制
      scanf("%d",&b);
      t=trans(d,b,str);                     //调用转换函数
      if (t==0) printf("Error!");
      else printf("%s\n",str);              //输出转换结果字符串
    }
```

3.3　栈的链式存储结构

栈的链式存储结构称为链栈，它是运算受限的单链表，即插入和删除操作仅限制在表头位置上进行。

由于只能在链表头部进行操作，故链栈没有必要像单链表那样附加头结点。栈顶指针就是链栈的头指针，如图3.4所示。其中，单链表的第一个结点就是链栈的栈顶结点，ls为栈顶指针，栈底结点的next域为NULL。

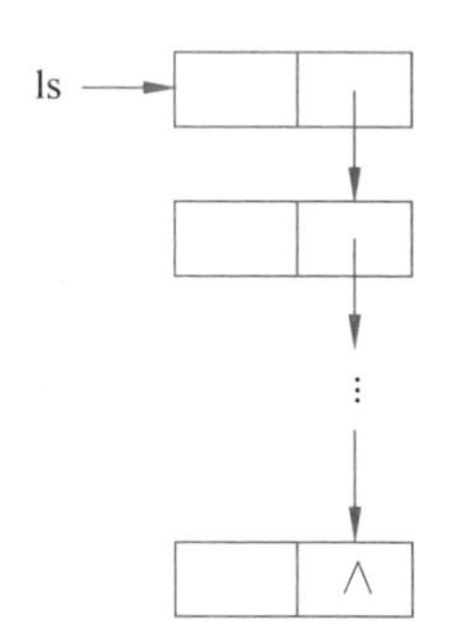

图3.4　链栈示意图

3.3.1　链栈的类型定义

链栈的类型定义如下：

```
typedef  struct  stnode
{
    ElemType  data;
    struct stnode  * next;
}StNode, * LinkStack;
```

3.3.2 栈基本运算在链栈上的实现

1. 初始化栈运算

```
void InitStack(LinkStack  &ls)
{
  ls=NULL;
}
```

2. 进栈运算

```
void Push(LinkStack  &ls,ElemType  x)
{
  StNode *p;
  p=( StNode* ) malloc(sizeof(StNode));
  p->data=x;
  p->next=ls;
  ls=p;
}
```

3. 出栈运算

```
int Pop(LinkStack  &ls,ElemType  &x)
{
    StNode *p;
    if (ls==NULL)  return 0;
    else
        {  p=ls;
           x=p->data;
           ls=p->next;
           free(p);
           return 1;
        }
}
```

4. 取栈顶元素运算

```
int GetTop(LinkStack  ls,ElemType  &x)
```

```
{
    if (ls==NULL)  return 0;
    else
    {
        x=ls->data;
        return 1;
    }
}
```

5. 判断栈空运算

```
int StackEmpty(LinkStack  ls)
{
    if (ls==NULL)   return 1;
    else    return 0;
}
```

3.3.3 链栈的应用举例

【例 3.4】 回文指的是一个字符串从前面读和从后面读都一样，编写一个算法，判断一个字符串是否为回文，并给出完整的程序。

解题思路：先定义链栈的类型，并根据题意将 ElemType 设为 char 型；然后设计一个算法 huiwen 完成判断；最后在主函数中调用实现判断算法的函数。

算法 huiwen 的思路：先将字符串从头到尾的各个字符依次放入一个链栈中；然后依次取栈顶到栈底的各个字符与字符串从头到尾的各个字符比较，若两者不同，则表明该字符串不是回文；若相同，则继续比较；若直到比较完毕相互之间都匹配，则表明该字符串是回文。

完整的程序如下：

```
#include "stdio.h"
#include "malloc.h"
typedef char ElemType;
typedef  struct  stnode
{
    ElemType  data;
    struct stnode  * next;
}StNode, * LinkStack;

int huiwen(char str[])
//判断给定字符串 str 是否为回文,若是,则返回 1,否则返回 0
{
  int i=0;
```

```
    char ch;
    StNode * sl=NULL, * p;                  //链栈初始化
    while((ch=str[i++])!='\0')              //所有字符依次进栈
    {
      p=(StNode *)malloc(sizeof(StNode));
      p->data=ch;
      p->next=sl;
      sl=p;
    }
    i=0;
    while(sl!=NULL)                         //栈不为空
    {
      p=sl;
      ch=p->data;                           //栈顶元素出栈
      sl=sl->next;
      free(p);
      if(ch!=str[i++])                      //出栈元素与字符串中的相应字符不相等
      return 0;
    }
    return 1;
  }
  void main()
  {
    char string[20];
    int hw;
    printf("input a string:");
    scanf("%s",string);
    hw=huiwen(string);                      //调用 huiwen 完成判断
    if(hw) printf("The string is HUIWEN."); //输出判断结果
    else  printf("The string is not HUIWEN.");
  }
```

3.4 栈与递归的实现

栈的一个重要应用是在程序设计语言中实现递归。一个直接调用自己或通过一系列的调用语句间接地调用自己的函数称为递归函数。

递归是计算机科学中经常遇到的问题。有许多数学函数是由递归定义的，如阶乘函数；有的数据结构本身就具有递归特性，因此它们的操作可以递归地描述，如二叉树(详见第 6 章)；还有一些问题本身没有明显的递归结构，但用递归求解会更简单，如八皇后问题。

【例 3.5】　阶乘函数。

$$
\text{Fact}(n)=\begin{cases}1, & 若\ n=0\\ n\times \text{Fact}(n-1), & 若\ n>0\end{cases}
$$

根据定义可以很自然地写出相应的递归函数，以求 3!为例，完整的程序如下：

```
#include "stdio.h"
void main()
{
  int result,n;
  n=3;
  result =fact(n);
  printf("3!=%d\n",result);
}

int fact(int n)
{
  1    int f;
  2    if(n==0)                                    //递归终止条件
  3      f=1;
  4    else
  5      f=n * fact(n-1);
  6    return f;
}
```

实际上，递归是把一个不能或不好直接求解的"大问题"转化成一个或几个"小问题"解决，再把这些"小问题"进一步分解成更小的"小问题"解决，如此分解，直至每个"小问题"都可以直接解决，此时递归终止，逐层返回。计算 fac(3)的过程如图 3.5 所示。

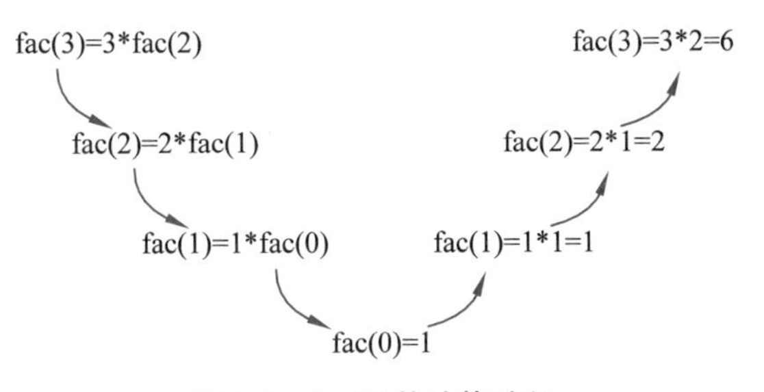

图 3.5　fac(3)的计算过程

递归调用的特点是：主调函数和被调函数是同一个函数。因此，在一个递归函数的运行过程中，和每次调用相关的重要概念是递归函数运行的"层次"。假设调用该递归函数的主函数为第 0 层，则从主函数调用递归函数为进入第 1 层；从第 1 层调用本函数为进入第 2 层；以此类推，从第 i 层调用本函数为进入"下一层"，即第 i+1 层。反之，退出第 i 层递归应返回至"上一层"，即第 i−1 层。为了保证递归函数正确执行，系统需要设立一个"递归工作栈"作为整个递归函数运行期间使用的数据存储区。每一层递归所需的信息构成一个“工作记录”，其中包括所有的实际参数、局部变量以及上一层的返回地址。每进入一层递归，就产生一个新的工作记录压入栈顶。每退出一层递归，就从栈顶弹出一个工作记录。这样就可以确保当前执行层的工作记录必是递归工作栈栈顶的工作记录，称这个记录为“活动记录”。图 3.6 展示了上述程序执行过程中递归工作栈状态的变化情况。图 3.6 中用递归函数中的语句行号表示返回地址，并假设主函数的返回地址为 0。

递归运行层次	递归工作栈状态（返址，n 值）	说明
1	▶ 0,3	由主函数进入第一层递归后，运行至语句(行)5，因递归调用而进入下一层
2	▶ 5,2 0,3	由第一层的语句(行)5 进入第二层递归，执行至语句(行)5
3	▶ 5,1 5,2 0,3	由第二层的语句(行)5 进入第三层递归，执行至语句(行)5
4	▶ 5,0 5,1 5,2 0,3	由第三层的语句(行)5 进入第四层递归，执行至语句(行)3，求得 f=1，然后执行语句(行)6，返回至第三层的语句(行)5
3	▶ 5,1 5,2 0,3	执行第三层的语句(行)5，求得 f=1 * 1，然后执行语句(行)6，返回至第二层的语句(行)5
2	▶ 5,2 0,3	执行第二层的语句(行)5，求得 f=2 * 1，然后执行语句(行)6，返回至第一层的语句(行)5
1	▶ 0,3	执行第一层的语句(行)5，求得 f=3 * 2，然后执行语句(行)6，返回至主函数。
0	栈空	继续运行主函数

图 3.6 阶乘函数的递归运行示意图

3.5 本章小结

栈是一种操作受限的线性表,即只允许在表尾进行插入和删除操作。栈的结构特点是后进先出,许多软件系统中都会用到这种结构。

栈有顺序存储结构和链式存储结构。栈的顺序存储结构称为顺序栈,主要通过改变栈顶指针实现各种操作;栈的链式存储结构称为链栈,其各种操作的实现类似于单链表。

习 题 3

一、选择题

1. 设输入序列为 a、b、c、d、e,则通过栈的作用后不可能得到的输出序列为(　　)。

A. e,d,c,b,a　　B. a,b,d,c,e

C. c,e,b,d,a　　D. b,c,a,d,e

2. 设计一个算法,用于判断表达式中的左右括号是否匹配,需要采用(　　)数据结构最佳。

A. 线性表的顺序存储　　B. 队列

C. 线性表的链式存储　　D. 栈

二、问答题

1. 栈有什么特点?什么情况下会用到栈?

2. 对于下面的每一步,画出栈中元素及栈顶指针的示意图:

(1) 空栈;

(2) 元素 A 入栈;

(3) 元素 B 入栈;

(4) 栈顶元素出栈;

(5) 元素 C 入栈;

(6) 元素 D 入栈。

3. 若元素进栈顺序为 1234,为了得到 1342 的出栈顺序,试给出相应的操作序列。

4. 链栈中为何不设头结点?

三、算法填空题

下面的算法采用了顺序栈,作用是将非负的十进制整数转换为其他进制的数输出,10 及其以上的数字用从 A 开始的字母表示,请将该算法填写完整。

```
int trans(int d,int b,char string[]) {
    SqStack st; char ch; int r,i=0;
    st.top=-1;
    if (b<=1 || b>36 || b==10)  printf(" b is Error\n"); return 0;
    while(_______)
    { r=d%b;
```

```
        ch=r+(r<10?'0':'A'-10);
        st.top++;
        ________
        d/=b;
      }
      while (________)
      {________;
        st.top--;
      }
      string[i]='\0';
      return  1;
}
```

四、算法设计题

1. 编写一个算法,借助于栈将一个单链表逆置。

2. 设两个栈共享一个数组空间 s[m],栈底在数组两端,试写出以下两个算法:

(1) 初始化 Init(s);

(2) 取栈顶 Get(s,i),i 为栈编号。

第4章　队　列

本章学习目标

- 了解队列的逻辑结构特点；
- 掌握循环队列与链队列下队列的基本运算的实现方法；
- 利用队列的特点解决实际问题。

本章重点介绍队列的逻辑和存储结构、相关算法的实现以及队列的应用。

4.1　队列的抽象数据类型

队列也是一种操作受限的线性表。在许多实际问题的解决和系统软件的设计中都会用到队列，所以它也是一类非常重要的抽象数据类型。

队列是限制在表的一端进行插入，在表的另一端进行删除的线性表，通常称允许进行插入的一端为队尾，允许进行删除的一端为队头。当表中没有元素时，称为空队列。

假设队列 $Q=(a_1,a_2,\cdots,a_n)$，则称 a_1 为队头元素，a_n 为队尾元素。队列中元素按 $a_1,a_2,\cdots,a_n$ 的次序进入，退出队列的次序也只能是 $a_1,a_2,\cdots,a_n$。换句话说，队列的修改是按先进先出的原则进行的，如图 4.1 所示。因此，队列又称为先进先出(First In First Out，FIFO)的线性表。

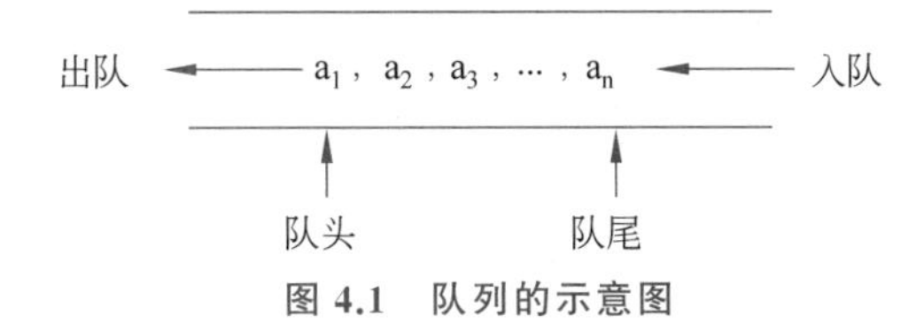

图 4.1　队列的示意图

队列与现实生活中人们为得到某种服务而排队十分相似。排队的规则是不允许“插队”，新加入的成员只能排在队尾，而且队中全体成员只能按顺序向前移动，当到达队头后才可离队。

队列在软件设计中也经常出现。最典型的例子就是操作系统中的作业排队。在允许多道程序运行的计算机系统中,同时有几个作业运行。如果运行的结果都需要通过通道输出,那么就要按请求输出的先后次序排队。每当通道传输完毕,可以接受新的输出任务时,队头的作业先从队列中退出做输出操作。凡是申请输出的作业都从队尾进入队列。

队列的基本操作与栈的操作类似,不同的是,删除是在表的头部(表头)进行的。下面给出队列的抽象数据类型的定义:

```
ADT Queue{
  数据对象:D={aᵢ|aᵢ∈ElemSet,i=1,2,…,n,n≥0}
  数据关系:R={<aᵢ,aᵢ+1>|aᵢ,aᵢ+1∈D,1≤i≤n-1}
          约定a₁端为队头,aₙ端为队尾
  基本操作:
  InitQueue(&Q)
  初始条件:队列Q不存在
  操作结果:构造一个空队列Q
  DestroyQueue (&Q)
  初始条件:队列Q已存在
  操作结果:销毁队列Q
  CLearQueue (&Q)
  初始条件:队列Q已存在
  操作结果:将队列Q清为空队列
  QueueEmpty (Q)
  初始条件:队列Q已存在
  操作结果:若Q为空队列,则返回TRUE,否则返回FALSE
  QueueLength (Q)
  初始条件:队列Q已存在
  操作结果:返回队列Q的元素个数
  GetHead(Q, &e)
  初始条件:队列Q已存在且非空
  操作结果:用e返回Q的队头元素
  EnQueue (&Q, e)
  初始条件:队列Q已存在
  操作结果:插入一个值为e的新队尾元素
  DeQueue (&Q, &e)
  初始条件:队列Q已存在且非空
  操作结果:删除Q的队头元素,并用e返回其值
}ADT Queue
```

4.2 队列的顺序存储结构

和顺序栈相类似,在队列的顺序存储结构中,除了用一组地址连续的存储单元依次存放自队头到队尾的数据元素之外,还需要附设两个变量 front 和 rear,分别指示队头元素

和队尾元素的位置,这两个变量分别称为队头指针和队尾指针。通常约定：初始化队列时,令 front=rear=0,每当有新元素入队列时,队尾指针增加 1;每当删除队头元素时,队头指针增加 1。因此,在非空队列中,队头指针始终指向队头元素的当前位置,而队尾指针始终指向队尾元素当前位置的下一个位置,如图 4.2 所示。

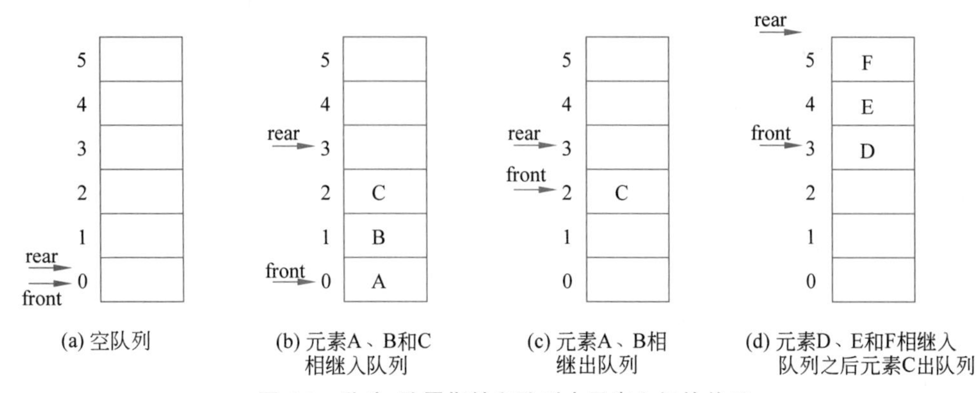

图 4.2　队头、队尾指针和队列中元素之间的关系

假设当前为队列分配的最大空间为 6,则当队列处于图 4.2(d)的状态时,就不能再进行入队列操作了,否则会因数组上溢而出错。可是,队列的实际可用空间并未占满,因此会产生一种“假溢出”现象。解决假溢出的方法之一是将队列的数据区看成首尾相接的循环结构,形成一个环形的空间,称为循环队列。图 4.3 展示了循环队列的几种状态。

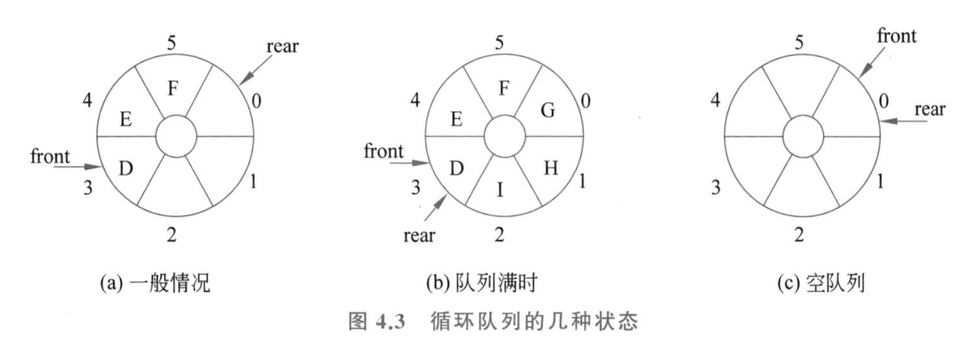

图 4.3　循环队列的几种状态

因为循环队列首尾相接,当队头指针指向数据区的最后一个空间位置时,若再前进一个位置就到达位置 0 了(图 4.3(a)),所以可利用取模运算实现队头、队尾指针的“增 1”操作。

```
队头指针增 1:front=(front+1)% QueueSize
队尾指针增 1: rear=(rear+1)% QueueSize
```

若元素 G、H 和 I 相继入队列,则队列空间将被占满,如图 4.3(b)所示,此时 front=rear;反之,若元素 D、E 和 F 相继出队列,则队列将呈“空”的状态,如图 4.3(c)所示,此时也存在 front=rear 的关系。可见,不能凭 front=rear 判断队列为“空”还是“满”。一种处理方法是：少用一个元素空间,约定以“队头指针在队尾指针的下一位置上”作为队列

“满”的标志，如图 4.4(a)所示，在 4.2 节中的循环队列基本运算算法描述就采用了这一方法。当然，还可以用其他方法，例如另设一个标志区别队列为“空”还是“满”。

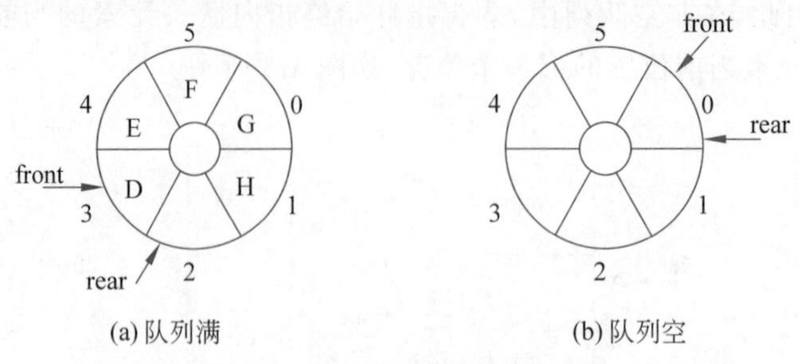

图 4.4 循环队列的“满”与“空”

4.2.1 循环队列的类型定义

循环队列的类型定义如下：

```
#define QueueSize 100                                  //循环队列的初始分配空间
typedef struct
{
  ElemType data[QueueSize];                            //保存队列中元素
  int front;                                           //队头指针
  int rear;                                            //队尾指针
}SqQueue;
```

其中，QueueSize 是指循环队列的初始分配空间，是循环队列的最大容量。数组 data 用于存储队列中的元素，front 和 rear 分别为队头指针和队尾指针。

4.2.2 队列基本运算在循环队列上的实现

1. 初始化队列运算

```
void InitQueue(SqQueue &qu)
{
    qu.rear=qu.front=0;
}
```

2. 入队列运算

```
int EnQueue(SqQueue &qu,ElemType e)
{
    if ((qu.rear+1)%QueueSize==qu.front)
      return 0;
    qu.data[qu.rear]=e;
    qu.rear=(qu.rear+1)%QueueSize;
```

```
        return 1;
    }
```

3. 出队列运算

```
    int DeQueue(SqQueue &qu,ElemType &e)
    {
        if (qu.rear==qu.front)
          return 0;
        e=qu.data[qu.front];
        qu.front=(qu.front+1)%QueueSize;
        return 1;
    }
```

4. 取队头元素运算

```
    int GetHead(SqQueue qu,ElemType &e)
    {
        if (qu.rear==qu.front)  return 0;
        e=qu.data[qu.front];
        return 1;
    }
```

5. 判断队列空运算

```
    int QueueEmpty(SqQueue qu)
    {
        if (qu.rear==qu.front)
          return 0;
        else  return 1;
    }
```

4.2.3　循环队列的应用举例

【例 4.1】　从键盘输入一整数序列 $a_1,a_2,\cdots,a_n$，试编程实现：当 $a_i>0$ 时，a_i 进队；当 $a_i<0$ 时，将队首元素出队；当 $a_i=0$ 时，表示输入结束。要求将队列处理成循环队列，并在异常情况(如队满)时打印出错信息。

解题思路：先建立一个循环队列，用 while 循环接收用户的输入。若输入值大于 0，则将该数入队列；若小于 0，则该数出队列并输出；若等于 0，则退出循环。

完整的程序如下：

```
    #include "stdio.h"
    #define QueueSize 100
    typedef int ElemType;
```

```
typedef struct
{
    ElemType data[QueueSize];
    int front;
    int rear;
}SqQueue;
void main()
{
    ElemType a,x;
    SqQueue qu;
    qu.rear=qu.front=0;
    printf("请输入一整数序列(以 0 结束):");
    scanf("%d",&a);
    while(a!=0)
    {
        if (a>0)                                     //正整数入队列
        {
            if ((qu.rear+1)%QueueSize==qu.front)     //判断队列是否已满
              {printf("队列已满!\n"); return;}
            qu.data[qu.rear]=a;                      //a 入队列
            qu.rear=(qu.rear+1)%QueueSize;
        }
        else                                         //当 a<0 时,队头元素出队列
        {
            if (qu.rear==qu.front)                   //判断队列是否已空
              {printf("队列已空!\n"); return;}
            x=qu.data[qu.front];                     //取队头元素放入 x
            qu.front=(qu.front+1)%QueueSize;         //修改队头指针
            printf("%d 出队列\n",x);
        }
        scanf("%d",&a);                              //输入下一个整数
    }
}
```

4.3 队列的链式存储结构

队列的链式存储结构称为链队列,它实际上是一个同时带有首指针和尾指针的单链表,首指针指向队头结点,尾指针指向队尾结点,如图 4.5 所示。为了操作方便,通常会给链队列添加一个头结点,当队列为空时,队头指针和队尾指针都指向头结点,如图 4.6(a)所示。

链队列的插入操作只能在队尾进行,删除操作只能在队头进行。图 4.6(b)～(d)展示了这两种操作下指针的变化情况。

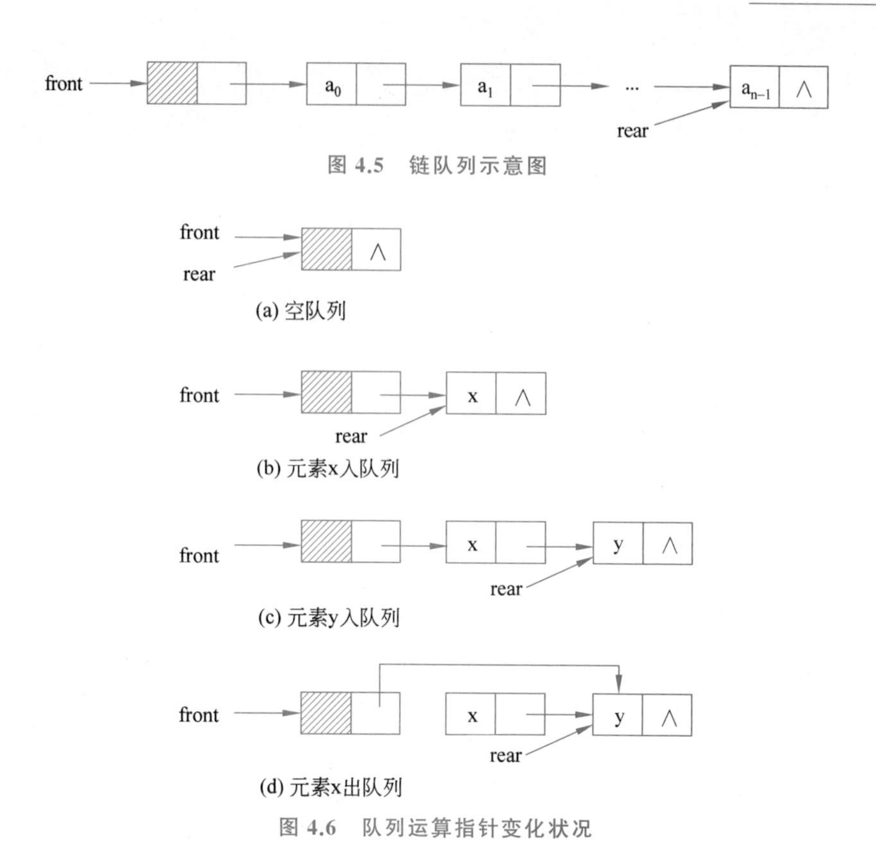

图 4.5　链队列示意图

图 4.6　队列运算指针变化状况

4.3.1　链队列的类型定义

链队列的类型定义如下：

```
typedef  struct  QNode                                     //链队列的结点结构
{
    ElemType    data;
    struct QNode   * next;
} QNode, * QueuePtr;
typedef  struct{
    QueuePtr  front;                                       //队头指针
    QueuePtr  rear;                                        //队尾指针
}LinkQueue;                                                //链队列类型
```

4.3.2　队列基本运算在链队列上的实现

1. 初始化队列运算

```
void InitQueue(LinkQueue &lq)
{
    lq.front = lq.rear = (QueuePtr)malloc(sizeof(QNode));
```

```
    lq.front->next=NULL;
}
```

2. 入队列运算

```
void EnQueue(LinkQueue &lq,ElemType e)
{
    p= (QueuePtr)malloc(sizeof(QNode));
    p->data=e;  p->next=NULL;
    lq.rear->next=p;
    lq.rear=p;
}
```

3. 出队列运算

```
int DeQueue(LinkQueue &lq,ElemType &e)
{
    if (lq.rear==lq.front)
      return 0;
    p=lq.front->next;
    e=p->data;
    lq.front->next=p->next;
    if(lq.rear==p) lq.rear=lq.front;
    free(p);
    return 1;
}
```

4. 取队头元素运算

```
int GetHead(LinkQueue &lq,ElemType &e)
{
    if (lq.rear==lq.front)
      return 0;
    p=lq.front->next;
    e=p->data;
    return 1;
}
```

5. 判断队列空运算

```
int QueueEmpty(LinkQueue lq)
{
    if (lq.rear==lq.front)
        return 0;
```

```
    else  return 1;
}
```

4.3.3 链队列的应用举例

【例4.2】 编写一个程序,反映病人到医院排队看病的情况。在病人排队的过程中,主要发生了两件事:

(1) 病人到达诊室,将病历交给护士,排队候诊;

(2) 护士从排好队的病历中取出下一位病人的病历,该病人进入诊室就诊。

要求程序采用菜单方式,其选项及功能说明如下。

(1) 排队:输入排队病人的病历号,加入病人排队队列。

(2) 就诊:病人排队队列中最前面的病人就诊,并将其从队列中删除。

(3) 查看排队:从队首到队尾列出所有排队病人的病历号。

(4) 下班:退出运行。

解题思路:先定义链队列的类型,并根据题意将ElemType设为char型;在程序中根据功能要求进行插入、删除和输出操作,并使用switch语句实现菜单的选择。

完整的程序如下:

```
#include "stdio.h"
#include "string.h"
#include "malloc.h"

typedef char ElemType;
typedef  struct  QNode                                  //链队列的结点结构
{
    ElemType    data;
    struct QNode   * next;
} QNode, * QueuePtr;
typedef  struct{
    QueuePtr  front;
    QueuePtr  rear;
}LinkQueue;                                             //链队列类型
void main()
{
    int choice,flag=1;
    LinkQueue lq;
    QNode * s, * p;
    char name[15];
    lq.front=( QueuePtr)malloc(sizeof(QNode)); //创建链队列的头结点
    lq.front->next=NULL;
    lq.rear=lq.front;
    while(flag==1)
```

```
    {
        printf("1:排队  2:看医生   3:查看排队   0:下班   ");
        printf("请选择:");
        scanf("%d",&choice);
        switch(choice)                              //根据不同的选择分情况处理
        {
            case 0:                                 //下班
                if (lq.front!=lq.rear) printf("下班了,请排队的患者改天再来就医\n");
                  flag=0; break;
            case 1:                                 //排队
                printf("请输入患者姓名:");
                scanf("%s",name);
                s=( QueuePtr)malloc(sizeof(QNode)); //创建新结点
                strcpy(s->data,name);
                s->next=NULL;
                lq.rear->next=s; lq.rear=s;         //插入结点到队尾
                break;
            case 2:                       //看医生
                if (lq.front==lq.rear)    //队列为空
                    printf("没有排队的患者\n");
                else                      //队列不空时,队头元素出队列
                {
                    s=lq.front->next;
                    lq.front->next=s->next;
                    if (lq.rear==s) lq.rear=lq.front;
                                          //最后一个元素出队列后,队列为空
                    printf("%s 看医生",s->data);
                    free(s);
                }
                break;
            case 3:                       //查看排队
                if (lq.front==lq.rear)    //队列为空
                    printf("没有排队的患者\n");
                else                      //队列不空时,依次输出队列中的所有元素
                {
                    p=lq.front->next;
                    printf("排队的患者:");
                    while(p!=NULL)
                    {
                        printf("%s  ",p->data);
                        p=p->next;
                    }
                    printf("\n");
                }
```

```
                break;
            }
        }
    }
```

4.4 本章小结

队列是一种操作受限的线性表，它只允许在表尾进行插入，在表头进行删除操作。队列的结构特点是先进先出，在许多实际问题的解决和系统软件的设计中都会用到队列。

队列有顺序存储结构和链式存储结构。为了解决假溢出的问题，通常将队列的顺序存储结构数据区看成首尾相接的循环结构，形成一个环形的空间，称为循环队列。队列的链式存储结构称为链队列，是一个同时带有首指针和尾指针的单链表，其各种操作的实现类似于单链表。

习　题　4

一、选择题

1. 对于循环队列，(　　)。

　A. 无法判断队列是否为空　　　　B. 无法判断队列是否为满

　C. 队列不可能满　　　　　　　　D. 以上都不对

2. 一个(　　)的线性表称为队列。

　A. 后进先出　　B. 有序　　C. 先进先出　　D. 无序

二、问答题

1. 循环队列有什么优点？如何判断它的空和满？

2. 对于一个具有 Qsize 个单元的循环队列，写出求队列中元素个数的公式。

三、算法题

1. 假设以一维数组 sq[m]存储循环队列的元素，若要使这 m 个存储空间都得到利用，需要另设一个标志 flag，用于区分对头指针和队尾指针相同时队列是空还是满。编写与此结构相对应的初始化、入队列和出队列的算法。

2. 假设以一维数组 sq[m]存储循环队列的元素，同时以 rear 和 length 分别指示循环队列中的队尾位置和队列中所含元素的个数。试给出该循环队列的队空条件和队满条件，并写出相应的入队列和出队列的算法。

3. 假设以带头结点的循环链表表示一个队列，并且只设一个队尾指针指向队尾元素结点(注意不设头指针)，试写出相应的初始化、入队列和出队列的算法。

4. 假设在周末舞会上，男士们和女士们进入舞厅时各自排成一队。跳舞开始时，依次从男队和女队的队头各出一人配成舞伴。若两队的初始人数不相同，则较长的那一队中未配对者将等待下一轮舞曲。试编写算法模拟上述舞伴配对问题。

第5章 数组和稀疏矩阵

本章学习目标

- 理解数组的基本操作和存储方式；
- 掌握特殊矩阵的压缩存储方法；
- 掌握稀疏矩阵的表示方法；
- 掌握快速转置算法和乘法算法的实现方法。

本章重点介绍数组的概念及其抽象数据类型、特殊矩阵的压缩存储和稀疏矩阵的表示。

5.1 数组的概念与表示

数组是计算机运作中非常重要的概念，几乎每种编程语言都有数组。作为一种数据结构，数组可以看作线性表的推广，其特点是结构中的元素本身可以是原子类型，也可以是具有某种结构的数据，但所有元素都属于同一数据类型。

5.1.1 数组的概念

数组是有序排列的相同类型的数据元素的集合。

由上述定义可以得到数组具有如下两个特征。

(1) 数组中的元素是有序的。数组中的元素可以用数组名和下标指定，下标指出了该元素在数组中的顺序。

(2) 数组的元素都是相同类型的。数组中存储的所有元素必须是同一种数据类型，不能是多种数据类型的混合。

除了上述两个特征，通常还认为数组是一种静态的数据结构，即一旦定义了某个数组，它包含的元素个数(数组的大小)将不再改变，不能再增加和删除数组中的元素。可动态改变大小的动态数组不在本书的讨论范围内。因此，对数组的操作一般只有两类：

(1) 获得特定位置的元素值；

(2) 修改特定位置的元素值。

由此可以将数组看作是从下标集到元素集的一个映射。

如果下标依次指出了数组的第 1 个元素、第 2 个元素、……、第 n 个元素，即下标集为 $\{1,2,\cdots,n\}$，则这样的数组称为一维数组，该数组的长度为 n。在该一维数组中，除最后一个元素(第 n 个元素)外，每个元素都有唯一的一个后继元素。

如果要指定数组中的某个元素，需要两个下标分别指定该元素在数组中位置，这样的数组称为二维数组。二维数组中的所有元素形成了一个有行有列的矩形结构，要指定一个 m 行 n 列的二维数组中的某个元素，需要指定它所在的行下标和列下标，即下标集为 $\{(1,1),(1,2),\cdots,(m,n)\}$。通常，第 1 个下标为行下标，第 2 个下标为列下标，该数组在行这一维度的长度为 m，在列这一维度的长度为 n。在该二维数组中，除最后一列元素(列下标为 n 的元素)外，每个元素都有一个行相同但位于下一列的后继元素；同理，除最后一行元素(行下标为 m 的元素)外，每个元素都有一个列相同但位于下一行的后继元素。

多维数组可以由此推广得到，n 维数组需要 n 个下标确定数组元素在数组中的位置。

由此可以得到数组的抽象数据类型：

ADT Array{
  数据对象：$D = \{a_{j_1 j_2 \cdots j_n} \mid n(>0)$ 是数组的维数，j_i 是数组的第 i 维下标，
    $1 \leqslant j_i \leqslant b_i$，$b_i$ 是数组的第 i 维的长度，$a_{j_1 j_2 \cdots j_n} \in ElemSet\}$
  数据关系：$R = \{R1, R2, \cdots, Rn\}$
    $Ri = \{\langle a_{j_1 \cdots j_i \cdots j_n}, a_{j_1 \cdots j_i+1 \cdots j_n} \rangle \mid 1 \leqslant j_k \leqslant b_k, 1 \leqslant k \leqslant n$ 且 $k \neq i$,
    $1 \leqslant j_i \leqslant b_i - 1, a_{j_1 \cdots j_i \cdots j_n}, a_{j_1 \cdots j_i+1 \cdots j_n} \in D, i=1,2,\cdots,n\}$
  基本操作：
  InitArray(&A,n,b1,b2,…,bn)
  初始条件：维数 n 和各维的长度合法
  操作结果：构造相应的数组 A，并返回 TRUE
  DestroyArray(&A)
  初始条件：数组 A 存在
  操作结果：销毁数组 A，并返回 TRUE
  GetValue(A,&e,j1,j2,…,jn)
  初始条件：n 维数组 A 存在，各下标 j_i 合法
  操作结果：用 e 返回数组 A 中由 j1,…,jn 指定的元素的值
  SetValue(&A,e,j1,j2,…,jn)
  初始条件：n 维数组 A 存在，各下标 j_i 合法
  操作结果：将数组 A 中由 j1,…,jn 指定的元素的值置为 e
} **ADT** Array

在上述数组抽象数据类型的描述中，数组中的每个数据元素都对应了一组下标$(j_1,\cdots,j_n)$，每个下标的取值范围是 $1 \leqslant j_i \leqslant b_i$，其中 $i=1,2,\cdots,n$。

在上述数据关系中，R_i 描述的是第 i 维的后继关系，即数据元素 $a_{j_1 \cdots j_i \cdots j_n}$ 在第 i 维的后继元素是 $a_{j_1 \cdots j_i+1 \cdots j_n}$。仅就单个关系而言，仍是线性关系。

举例来说，当 n=1 时，n 维数组就退化为一维数组，即定长的线性表，假设它的长度为 k，则它的唯一后继关系 $R=\{<a_1,a_2>,<a_2,a_3>,\cdots,<a_{k-1},a_k>|a_i\in D,i=1,2,\cdots,k\}$。

当 n=2 时就是二维数组，假设它第一维的长度为 m，第二维的长度为 n，则它的两个数据关系分别为：行方向上的后继关系 $R_1=\{<a_{ij},a_{i,j+1}>|1\leqslant j\leqslant n-1,a_{ij},a_{i,j+1}\in D,i=1,2,\cdots,m\}$；列方向上的后继关系 $R_2=\{<a_{ij},a_{i+1,j}>|1\leqslant i\leqslant m-1,a_{ij},a_{i+1,j}\in D,j=1,2,\cdots,n\}$。

抽象地讲，n(n>1)维数组也可以看作一个特殊的一维数组，该一维数组的每个元素本身是一个 n－1 维数组。如 n=2 时，如果把二维数组看作一个特殊的一维数组，则该一维数组中的每个元素也是一个一维数组。

例如，下面是以 m 行 n 列矩阵形式表示的二维数组 $A_{m\times n}$。

$$A_{m\times n}=\begin{bmatrix} a_{11} & a_{12} & \cdots & a_{1n} \\ a_{21} & a_{22} & \cdots & a_{2n} \\ \vdots & \vdots & \ddots & \vdots \\ a_{m1} & a_{m2} & \cdots & a_{mn} \end{bmatrix}$$

数组 $A_{m\times n}$ 可以看作一个由行向量构成的一维数组

$$\begin{aligned} A_{m\times n} &= (a_1,a_2,\cdots,a_m) \\ &= ((a_{11},a_{12},\cdots,a_{1n}),(a_{21},a_{22},\cdots,a_{2n}),\cdots(a_{m1},a_{m2},\cdots,a_{mn})) \end{aligned}$$

其中，每个元素 a_i 对应 $A_{m\times n}$ 的每一行，即 $a_i=(a_{i1},a_{i2},\cdots,a_{in})$，$1\leqslant i\leqslant m$。

数组 $A_{m\times n}$ 也可以看作一个由列向量构成的一维数组

$$A_{m\times n}=(a_1,a_2,\cdots,a_n)=\left[\begin{bmatrix} a_{11} \\ a_{21} \\ \vdots \\ a_{m1} \end{bmatrix} \begin{bmatrix} a_{12} \\ a_{22} \\ \vdots \\ a_{m2} \end{bmatrix} \cdots \begin{bmatrix} a_{1n} \\ a_{2n} \\ \vdots \\ a_{mn} \end{bmatrix}\right]$$

其中，每个元素 a_j 对应 A 的每一列，即 $a_j=(a_{1j},a_{2j},\cdots,a_{mj})$，$1\leqslant j\leqslant n$。

数组作为一个抽象数据类型，用户可以根据应用的需要增加其他必要的运算，如数组的整体赋值运算等，但不应当违背数组是静态数据结构的特性。

本节定义的数组的抽象数据类型 Array 可以用 C 语言的数组定义机制实现。

5.1.2　数组的顺序表示

由于数组是一种静态的数据结构且数组元素有序，因此采用顺序存储结构表示数组是非常自然的。对于一维数组，只需要按顺序依次分配数组元素的存储单元即可；但是对于多维数组，当数组元素在一维结构的存储单元中连续存储时，就会产生存储的次序问题。

对于任意二维数组 $A_{m\times n}$，可以从行和列两个方向把它看作一个特殊的一维数组，相应的，二维数组就有按行序为主序和按列序为主序两种存储方式。在实际的高级语言中，不同的语言可能采用不同的存储结构，例如 C 语言采用按行序为主序的存储方式，而 FORTRAN 则是采用按列序为主序的存储方式。

对于二维数组 $A_{m\times n}$，按行序为主序的存储方式和按列序为主序的存储方式如图 5.1

所示。

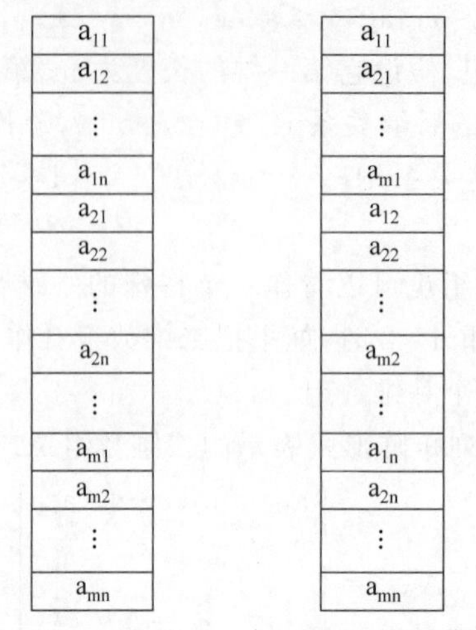

图 5.1 二维数组的两种存储方式

对于二维数组 $A_{m\times n}$，只要给出了首元素 a_{11} 的存储地址，并且知道每个元素所占的存储空间，就可以计算出任意元素 a_{ij} 的地址。

假设二维数组 $A_{m\times n}$ 的每个元素占 L 个存储单元，首元素 a_{11} 的地址为 Loc(1,1)。对于按行序为主序的存储方式，元素 a_{ij} 排在第 i 行、第 j 列，它前面的第 i－1 行有 n×(i－1)个元素，在第 i 行 a_{ij} 前面还有 j－1 个元素。由此得到 a_{ij} 地址的计算公式为

$$Loc(i,j)=Loc(1,1)+(n\times(i-1)+(j-1))\times L \tag{5.1}$$

对于按列序为主序的存储方式，也可以得到类似的计算公式，在此不再赘述。

对于任意三维数组 $B_{m\times n\times p}$，同样可以把它看作一个特殊的一维数组

$$B_{m\times n\times p}=(b_1,b_2,\cdots,b_m)$$

其中，每个元素 b_i 对应一个 n×p 的二维数组。因此，以第一维的顺序为主序，然后依次考虑第二维的顺序和第三维的顺序，存储三维数组 $B_{m\times n\times p}$ 存储序列为

$$b_{111},b_{112},\cdots,b_{11p},b_{121},b_{122},\cdots,b_{12p},\cdots,b_{1n1},b_{1n2},\cdots,b_{1np},$$

$$b_{211},b_{212},\cdots,b_{21p},b_{221},b_{222},\cdots,b_{22p},\cdots,b_{2n1},b_{2n2},\cdots,b_{2np},\cdots,$$

$$b_{m11},b_{m12},\cdots,b_{m1p},b_{m21},b_{m22},\cdots,b_{m2p},\cdots,b_{mn1},b_{mn2},\cdots,b_{mnp}.$$

同样，给出首元素 b_{111} 的存储地址，并且知道每个元素所占的存储空间，就可以计算出任意元素 b_{ijk} 的地址。

假设三维数组 $B_{m\times n\times p}$ 的每个元素占 L 个存储单元，首元素 b_{111} 的地址为 Loc(1,1,1)。按上面的存储方式，元素 b_{ijk} 与 b_{i11} 在同一个二维数组中，由公式(5.1)

$$Loc(i,j,k)=Loc(i,1,1)+(p\times(j-1)+(k-1))\times L$$

而 b_{i11} 前面有 i－1 个 n×p 的二维数组，因此

$$Loc(i,1,1)=Loc(1,1,1)+(n\times p\times(i-1))\times L$$

由此可得 b_{ijk} 地址的计算公式为

$$Loc(i,j,k)=Loc(i,1,1)+(n\times p\times(i-1)+p\times(j-1)+(k-1))\times L \quad (5.2)$$

推广到一般情况，对于 n 维数组 $C_{b_1 b_2 \cdots b_n}$，如果以第一维的顺序为主序，然后依次考虑第二、三、…、n 维的顺序，存储 n 维数组 C。若已知首元素 $c_{11\cdots 1}$ 的存储地址为 Loc(1,1,…,1)，并且知道每个元素所占的存储空间 L，可得任意元素 $C_{j_1 j_2 \cdots j_n}$ 地址的计算公式为

$$Loc(j_1,j_2,\cdots,j_n)=Loc(1,1,\cdots,1)+(b_2\times\cdots\times b_{n-1}\times b_n\times(j_1-1)+b_3\times\cdots\times b_{n-1}\times b_n\times(j_2-1)+\cdots+b_n\times(j_{n-1}-1)+(j_n-1))\times L$$

该公式可简写为

$$Loc(j_1,j_2,\cdots,j_n)=Loc(1,1,\cdots,1)+\left(\sum_{i=1}^{n-1}(j_i-1)\prod_{k=i+1}^{n}b_k+(j_n-1)\right)\times L \quad (5.3)$$

注意：以上讨论的前提是数组每维的下标均从 1 开始。在实际应用中，C 语言允许下标下界为 0，而 Pascal 允许下标下界为负整数、0 或正整数。在这种情况下，地址计算公式就与前面的讨论有所不同了，仿照前面的推导过程，读者不难推导出这类数组中任意元素的存储地址的计算公式。

5.1.3 特殊矩阵的压缩存储

5.1.2 节介绍的数组的顺序表示方法适用于具有完整结构的数组，即数组元素的各下标在各自独立的范围内（n 维数组对 $1\leqslant k\leqslant n, 1\leqslant j_k\leqslant b_k$）改变，并且大部分元素值不为 0。但也有许多情况不适用，例如，对于对称矩阵，上述表示方法将会有大约一半的存储空间是多余的。因此，为了节省存储空间，可以对这些特殊矩阵进行压缩存储。这些特殊矩阵的共同特点是其元素的分布有明显的规律性，从而可将其压缩到一维数组中，并找到每个元素在一维数组中的对应位置。

下面对三种特殊矩阵加以讨论。

1. 下三角矩阵

对于一个 n 阶矩阵 $A_{n\times n}$，若当 i<j 时有 $a_{ij}=0$，则称此矩阵为下三角矩阵，下三角矩阵的形式如下。

$$A_{n\times n}=\begin{bmatrix} a_{11} & 0 & \cdots & 0 & \cdots & 0 \\ a_{21} & a_{22} & \cdots & 0 & \cdots & 0 \\ \vdots & \vdots & \ddots & \vdots & \vdots & 0 \\ a_{i1} & a_{i2} & \cdots & a_{ii} & \cdots & 0 \\ \vdots & \vdots & \vdots & \vdots & \ddots & 0 \\ a_{n1} & a_{n2} & \cdots & a_{ni} & \cdots & a_{nn} \end{bmatrix}$$

对于下三角矩阵的压缩存储，只存储下三角中的元素，其余的 0 元素则不存储。

对于下三角矩阵 $A_{n\times n}$，下三角中共有 n(n+1)/2 个元素，若按行序为主序的原则，可以将矩阵下三角中的所有元素压缩存储到一个长度为 n(n+1)/2 的存储空间中，如图 5.2 所示。

a_{11}
a_{21}
a_{22}
a_{31}
a_{32}
a_{33}
…
a_{n1}
a_{n2}
…
a_{nn}

图 5.2 下三角矩阵的存储

若已知首元素 a_{11} 的存储地址为 Loc(1,1)，并且知道每个元素所占的存储空间 L，$A_{n\times n}$ 下三角中任意元素 a_{ij} 前面的 i−1 行共有

$1+2+3+\cdots+(i-1)$个元素，在第 i 行前面共有 $j-1$ 个元素。由此得到 a_{ij}地址的计算公式为

$$Loc(i,j)=Loc(1,1)+(i\times(i-1)/2+(j-1))\times L, i\geqslant j \tag{5.4}$$

2. 上三角矩阵

对于一个 n 阶矩阵 $A_{n\times n}$，若当 $i>j$ 时有 $a_{ij}=0$，则称此矩阵为上三角矩阵，上三角矩阵的形式如下。

$$A_{n\times n}=\begin{bmatrix} a_{11} & a_{12} & \cdots & a_{1i} & \cdots & a_{1n} \\ 0 & a_{22} & \cdots & a_{2i} & \cdots & a_{2n} \\ \vdots & \vdots & \ddots & \vdots & \vdots & \vdots \\ 0 & 0 & \cdots & a_{ii} & \cdots & a_{in} \\ \vdots & \vdots & \vdots & \vdots & \ddots & \vdots \\ 0 & 0 & \cdots & 0 & \cdots & a_{nn} \end{bmatrix}$$

对于上三角矩阵的压缩存储，同下三角矩阵类似，只存储上三角中的元素，对于其余的零元素则不存。

同样，若按行序为主序的原则，可以将矩阵上三角中的所有元素压缩存储到一个长度为 $n(n+1)/2$ 的存储空间中，按以下序列存储：

$$a_{11}, a_{12}, \cdots, a_{1n}, a_{22}, a_{23}, \cdots, a_{2n}, \cdots, a_{nn}$$

因此，可得 a_{ij}地址的计算公式为

$$Loc(i,j)=Loc(1,1)+((2n-i+2)\times(i-1)/2+(j-i))\times L, i\leqslant j \tag{5.5}$$

3. 对称矩阵

若矩阵中的所有元素均满足 $a_{ij}=a_{ji}$，则称此矩阵为对称矩阵。对称矩阵的形式如下。

$$A_{n\times n}=\begin{bmatrix} a_{11} & a_{12} & \cdots & a_{1n} \\ a_{12} & a_{22} & \cdots & a_{2n} \\ \vdots & \vdots & \vdots & \vdots \\ a_{1n} & a_{2n} & \cdots & a_{nn} \end{bmatrix}$$

对于对称矩阵，因其元素满足 $a_{ij}=a_{ji}$，可以为每一对相等的元素分配一个存储空间，即只存下三角(或上三角)矩阵，从而将 n^2 个元素压缩到 $n(n+1)/2$ 个存储空间中。

5.2 稀疏矩阵

在许多科学与工程应用中经常会遇到这样一种矩阵：矩阵规模很大，但其中大多数元素的值为零，只有少部分元素的值非零，并且这些非零元素在矩阵中的分布没有规律性，这种矩阵称为稀疏矩阵。稀疏矩阵经常出现在大规模集成电路设计、电力输配系统、图像处理、城市规划等应用领域。

例如，式(5.6)表示的矩阵 M 及其转置矩阵。

$$M=\begin{bmatrix}32&0&0&17&0&0\\0&0&5&9&0&0\\0&0&0&0&0&0\\0&13&0&0&0&0\\41&0&0&0&0&0\\0&0&0&0&12&0\end{bmatrix},\quad M^T=\begin{bmatrix}32&0&0&0&41&0\\0&0&0&13&0&0\\0&5&0&0&0&0\\17&9&0&0&0&0\\0&0&0&0&0&12\\0&0&0&0&0&0\end{bmatrix}\tag{5.6}$$

在上述矩阵 M 及其转置矩阵中，在 36 个元素中只有 7 个非零元素，显然是个稀疏矩阵。但非零元素要少到多少才称为稀疏矩阵并无确切定义，这是人们直观进行分辨的概念。

由此，可以得到稀疏矩阵的抽象数据类型：

```
ADT SMatrix{
  数据对象:D = {aij | 1≤i≤m,1≤j≤n,
           aij∈ElemSet,m 和 n 分别是矩阵的行数和列数 }
  数据关系:R = {Row,Col}
           Row =  {<aij,ai,j+1>| 对 1≤j≤n-1,aij,ai,j+1∈D,1≤i≤m }
           Col =  {<aij,ai+1,j>| 对 1≤i≤m-1,aij,ai+1,j∈D,1≤j≤n }
  基本操作:
  CreateSMatrix(&M,n,n)
  操作结果:创建一个 m 行 n 列的稀疏矩阵
  DestroySMatrix(&M)
  初始条件:稀疏矩阵 M 存在
  操作结果:销毁稀疏矩阵 M
  PrintSMatrix(M)
  初始条件:稀疏矩阵 M 存在
  操作结果:输出稀疏矩阵 M
  CopySMatrix(M,&T)
  初始条件:稀疏矩阵 M 存在
  操作结果:将稀疏矩阵 M 复制得到稀疏矩阵 T
  Transpose(M,&T)
  初始条件:稀疏矩阵 M 存在
  操作结果:求 M 的转置矩阵 T
  Multiply(M,N,&P)
  初始条件:稀疏矩阵 M 的列数等于稀疏矩阵 N 的行数
  操作结果:求矩阵 M 与 N 的乘积 P
} ADT SMatrix
```

5.2.1　稀疏矩阵的三元组表示

由于没有特殊矩阵中非零元素分布的规律性，稀疏矩阵的压缩存储要比特殊矩阵复杂。为了节省稀疏矩阵的存储空间，按照压缩存储概念，只需要存储稀疏矩阵中的非零元素。但是，由于非零元素的分布没有规律性，为了保证实现矩阵的各种运算，除了需要存储非零元素的值外，还必须同时记录它所在的行和列，这样一个三元组(i,j,a_{ij})便能唯一确定矩阵中的一个非零元素，其中a_{ij}表示矩阵第i行第j列非零元素的值。下面7个三元组表示了式(5.6)中矩阵M的7个非零元素：

$$(1,1,32),(1,4,17),(2,3,5),(2,4,9),(4,2,13),(5,1,41),(6,5,12)$$

若以某种方式(如上，按行序为主序的顺序)将7个三元组排列起来，则形成的表就能唯一确定稀疏矩阵，从而得到稀疏矩阵的一种压缩存储方式，即三元组顺序表，其结构描述如下：

```
//稀疏矩阵的三元组顺序表存储结构
#define MAXSIZE 1000                    //非零元素的个数最多为1000
typedef struct
{
  int  row,col;                         //该非零元素的行下标和列下标
  ElemType  data;                       //该非零元素的值
} Triple;
typedef struct
{
  Triple   data[MAXSIZE+1];             //非零元素的三元组顺序表,data[0]未用
  int      m,n,len;                     //矩阵的行数、列数和非零元素的个数
}SMatrix;
```

在此，data域中表示非零元素的三元组是按行序为主序的顺序排列的。

表5.1表示了稀疏矩阵M中data域的排列情况。

表5.1 矩阵M的三元组顺序表表示

row	col	data
1	1	32
1	4	17
2	3	5
2	4	9
4	2	13
5	1	41
6	5	12

在矩阵足够稀疏的情况下，这种表示方法对存储空间的需求量比通常的方法少得多。例如式(5.6)中的矩阵M若用三元组顺序表表示，在每个元素占一个存储单元的情况下，则只需要21个存储单元；若直接用二维数组按通常办法表示，则需要36个单元。矩阵越大，越稀疏，其优越性越明显。

下面以稀疏矩阵的转置运算和乘法运算为例，介绍采用稀疏矩阵三元组顺序表表示的实现方法。

1. 转置运算

矩阵的转置。通过变换元素的位置，把位于(row，col)位置上的元素换到(col，row)位置上，得到了一个新的矩阵。也就是说，把元素的行列互换。如式(5.6)中矩阵 M 及其转置矩阵。一般地，一个 m×n 的矩阵的转置矩阵就是 n×m 的矩阵。

采用矩阵的正常存储方式时，实现矩阵转置的经典算法如算法 5.1 所示。

【算法 5.1】

```
Transpose(ElemType src[n][m],ElemType dst[m][n])
{
    //src 和 dst 分别为转置前的源矩阵和转置后的结果矩阵(用二维数组表示)
    int i, j;
    for (i=0; i<m; i++)
    for (j=0; j< n; j++)
    dst[j][i]=src[i][j];
}                                           //Transpose
```

很显然，该算法执行的基本操作就是变换元素的位置，把位于第 i 行第 j 列的元素换到第 j 行第 i 列的位置上，这样的变换操作需要对矩阵中每个元素进行，因此转置运算的时间复杂度为 O(m×n)。如果源矩阵 src 是一个稀疏矩阵，则结果矩阵 dst 也是一个稀疏矩阵。而对于三元组顺序表表示的稀疏矩阵 src，若三元组顺序表中的某一行为(i，j，x)，则结果矩阵 dst 的三元组顺序表中应有(j，i，x)，但如果仅仅是简单地对矩阵 src 的行列进行交换，所得到矩阵 dst 的三元组顺序表将由源矩阵的按行序进行存储变为按列序进行存储，为了保证 dst 的三元组顺序表仍按行序为主序存储，需要对行列互换后的三元组顺序表按行序进行重新排序。

表 5.2 表示了式(5.6)中稀疏矩阵 M 的转置矩阵 M^T 的三元组顺序表表示。

表 5.2　矩阵 M 的转置 M^T 的三元组顺序表表示

row	col	data
1	1	32
1	5	41
2	4	13
3	2	5
4	1	17
4	2	9
5	6	12

为了保证转置后矩阵的三元组顺序表仍按行序为主序存储，使用稀疏矩阵的三元组顺序表存储结构需要按照 col 从小到大的顺序完成元素位置的变换。显然，为了找到 M 中每列的所有非零元素，需要对其 data 域从第 1 行起整个扫描一遍。具体算法描述如算

法 5.2 所示。

【算法 5.2】

```
void Transpose (SMatrix src,  Smatrix* dst)
{
    //把矩阵 src 转置到 dst 所指的矩阵中,矩阵用三元组顺序表存储结构
    int   i,  j,  k;
    dst->m= src.n;  dst ->n= src.m;  dst ->len= src.len;
    if(dst->len>0)
    {
        j=1;
        for(k=1;  k<= src.n;  k++)
        for(i=1;  i<= src.len;  i++)
        if(src.data[i].col==k)
        {
            dst->data[j].row = src.data[i].col;
            dst->data[j].col = src.data[i].row;
            dst->data[j].data = src.data[i].data;
            j++;
        }
    }
}                                               //Transpose
```

算法 5.2 中设置了一个计数器 j,用于指向 src 当前元素转置后应放入 dst 所指的三元组顺序表中的位置。处理完 src 中的一个元素后,j 加 1,j 的初值为 1。

算法使用了一个二重循环:外循环用来控制扫描的次数,每执行一次外循环体,dst 所指的矩阵相当于排好了一行;内循环则用来扫描 src 三元组顺序表中的每一行,并判断表中每行相应的元素在该轮中是否需要转换。算法的时间耗费主要在此二重循环中,其时间复杂度为 O(src.n×src.len)。在最坏的情况下,当非零元素个数 src.len=src.m×src.n 时,算法的时间复杂度为 O(src.n×src.n^2),这比直接采用矩阵转置的经典算法的时间复杂度 O(src.n×src.n)要差。

不难看出,此算法之所以耗费时间,问题在于其每形成转置矩阵的一行,都必须从头到尾扫描 src.data 中的每一行。能否在实施转置时只对 src.data 扫描一次,就能得到按行序为主序存储的 dst->data 呢?为此提出了一种快速转置算法,它依赖于以下条件。

(1) 待转置矩阵 src 每一列中非零元素的个数(转置后 dst 指向矩阵的每一行中非零元素的个数)。

(2) 待转置矩阵 src 每一列中第一个非零元素(转置后 dst 指向矩阵的每一行中第一个非零元素)在 dst->data 中的正确位置。

为此,需要设两个数组 num[]和 position[],其中 num[col]用来存放待转置矩阵 src 第 col 列中非零元素的个数(转置后 dst 指向矩阵第 col 行非零元素的个数),position[col]用来存放待转置矩阵 src 第 col 列(转置后 dst 指向矩阵中第 col 行)中第一个非零元

素在 dst->data 中的正确位置。

要计算 num[col],需要扫描 src 的三元组顺序表一遍,对于其中列号为 k 的元素,给相应的 num[k]加 1。

有了 num[col],position[col]可用下面递归公式计算:

$$\begin{aligned}&position[1]=1,\\&position[col]=position[col-1]+num[col-1],2\leqslant col\leqslant src.n\end{aligned}\tag{5.7}$$

按照上述计算方法,可求得式(5.6)中矩阵 M 的 num[col]和 position[col]的值如表 5.3 所示。

对 src.data 扫描一次,就能得到按行序为主序存储的 dst->data 的方法:position[col]的初值为待转置矩阵 src 第 col 列(dst->data 的第 col 行)中第一个非零元素的正确位置,当待转置矩阵 src 第 col 列有一个元素加入 dst->data 时,position[col]= position[col]+ 1,使 position[col]始终指向待转置矩阵 src 第 col 列中下一个非零元素转置后的正确位置。

表 5.3　矩阵 M 的 num[col]和 position[col]的值

col	num[col]	position[col]
1	2	1
2	1	3
3	1	4
4	2	5
5	1	7
6	0	8

具体算法如算法 5.3 所示。

【算法 5.3】

```
void FastTranspose (SMatrix  src, SMatrix * dst)
{
    //采用快速转置法把矩阵 src 转置到 dst 所指的矩阵中,矩阵用三元组顺序表存储
    int col,t,p,q;
    int num[MAXSIZE],position[MAXSIZE];
    dst->len = src.len;dst->n = src.m;dst->m = src.n;
    if(dst->len)
    {
        for(col = 1;col<=src.n;col++)
            num[col]= 0;
        for(t=1;t<=src.len;t++)
            num[src.data[t].col]++;     //计算每列的非零元素的个数
        position[1]= 1;
```

```
        for(col=2;col<src.n;col++)
            //求 col 列中第一个非零元素在 dst->data 中的正确位置
            position[col]= position[col - 1]+ num[col - 1];
        for(p=1;p<src.len;p++)
        {
            col = src.data[p].col;q = position[col];
            dst->data[q].row = src.data[p].col;
            dst->data[q].col = src.data[p].row;
            dst->data[q].data = src.data[p].data;
            position[col]++;
        }
    }
}                                                //FastTranspose
```

快速转置算法的时间主要耗费在4个并列的单循环上，这4个并列的单循环分别执行了src.n、src.len、src.n－1、src.len次，因此总的时间复杂度为O(src.n)＋O(src.len)。当待转置矩阵中非零元素个数接近于src.m×src.n时，其时间复杂度接近于经典算法的时间复杂度O(src.m×src.n)。快速转置算法在空间耗费上除了三元组顺序表所占的空间外，还需要两个辅助数组，即num[]和position[]，两个数组均需要src.n个存储空间。可见，算法在时间上的节省是以更多的存储空间为代价的。

2. 乘法运算

矩阵相乘是矩阵的一种常用运算。对于q×r的矩阵M和s×t的矩阵N，若矩阵M的列数r与矩阵N的行数s满足r＝s，则矩阵M和N可以相乘，它们的乘积P是一个q×t矩阵。乘积矩阵P中的元素p_{ij}的计算为

$$p_{ij}=\sum_{k=1}^{r}m_{ik}n_{kj} \tag{5.8}$$

采用矩阵的正常存储方式时，由式(5.8)可得实现矩阵乘法的经典算法如算法5.4所示。

【算法5.4】

```
void Multiply(ElemType M[q][r],ElemType N[s][t],ElemType P[q][t])
{
    //求矩阵 M 和 N 的乘积矩阵 P(用二维数组表示)
    int i,j,k;
    if (r == s)
    {
        for (i=1; i<=q; i++)
            for (j=1; j<= t; j++)
            {
                P[i][j]= 0;
                for(k=1; k<= r; k++)
```

```
                P[i][j]= P[i][j]+ M[i][k] * N[k][j];
            }
        }
    }                                              //Multiply
```

很显然,该算法执行的基本操作就是求乘积矩阵中的每个元素的值,而这要涉及两个矩阵中 r 对元素乘积的累加。因此乘法运算的时间复杂度为 $O(q\times r\times t)$。

上述算法不论 M[i][k]与 N[k][j]是否为 0,都要进行一次乘法运算,而这对于大多数元素的值为 0 的稀疏矩阵而言是没有必要的。采用三元组顺序表实现时,由于乘积矩阵的三元组顺序表仍要按行序为主序进行存储,因此可以采用固定矩阵 M 的三元组顺序表中的元素$(i,k,m_{ik})(1\leqslant i\leqslant q,1\leqslant k\leqslant r)$,在矩阵 N 的三元组顺序表中找到所有行号为 k 的对应元素$(k,j,n_{kj})(1\leqslant k\leqslant s,1\leqslant j\leqslant t)$进行相乘、累加,从而得到 p_{ij},并且仅当 $p_{ij}\neq 0$ 时,矩阵 P 的三元组顺序表中才有元素(i,j,p_{ij})。

注意:稀疏矩阵的乘积不一定是稀疏矩阵。

例如:图 5.3 所示的两个稀疏矩阵相乘。

$$\begin{bmatrix}1&0&0\\1&0&0\\1&0&0\end{bmatrix}\times\begin{bmatrix}1&1&1\\0&0&0\\0&0&0\end{bmatrix}=\begin{bmatrix}1&1&1\\1&1&1\\1&1&1\end{bmatrix}$$

图 5.3　稀疏矩阵相乘

类似矩阵转置算法,为了计算上的方便,稀疏矩阵相乘的算法引入了 4 个数组 mnum[]、nnum[]、mfirst[]和 nfirst[],其中 mnum[row]表示矩阵 M 的三元组顺序表中第 row 行非零元素的个数,mfirst[row]表示矩阵 M 的三元组顺序表中第 row 行第一个非零元素所在的位置。显然,mfirst[row+1]−1 指向矩阵 M 的三元组顺序表中第 row 行最后一个非零元素的位置。nnum[row]和 nfirst[row]表示矩阵 N 中相应的含义,因此,下面的计算方法和公式仅以 mnum[row]和 mfirst[row]为例进行说明。

要计算 mnum[row],需要扫描一遍矩阵 M 的三元组顺序表,对于其中行号为 k 的元素,给相应的 mnum[k]加 1。

有了 mnum[row],mfirst[row]可用下面递归公式计算:

$$\text{mfirst}[1]=1$$

$$\text{mfirst}[\text{row}]=\text{mfirst}[\text{row}-1]+\text{mnum}[\text{row}-1],\text{其中 } 2\leqslant \text{row}\leqslant M.m \tag{5.9}$$

具体算法如算法 5.5 所示。

【算法 5.5】

```
int Multiply(SMatrix M,SMatrix N,SMatrix * P)
{
    //求矩阵 M 和 N 的积,结果保存在 P 所指的矩阵中,矩阵用三元组顺序表存储
    int  mrow,nrow,p,t,pcol;
    int  ptemp[MAXSIZE];
    int mnum[MAXSIZE],mfirst[MAXSIZE],nnum[MAXSIZE],nfirst[MAXSIZE];
    if(M.n != N.m) return FALSE;                  //返回 FALSE,表示求矩阵乘积失败
```

```
    P->m = M.m;P->n = N.n;P->len = 0;

    if(M.len * N.len!=0)
    {
        //计算数组 mnum[]
          for(mrow= 1;mrow<=M.m;mrow++)
            mnum[mrow]= 0;
        for(t=1;t <=M.len;t++)
            mnum[M.data[t].row]++;

        //计算数组 mfirst[]
        mfirst[1]= 1;
        for(mrow=2;mrow<=M.m;mrow++)
            mfirst[mrow]= mfirst[mrow - 1]+ mnum[mrow - 1]

        //计算数组 nnum[]
        for(nrow= 1;nrow<=N.m;nrow++)
            nnum[nrow]= 0;
        for(t=1;t <=N.len;t++)
            nnum[N.data[t].row]++;

        //计算数组 nfirst[]
        nfirst[1]= 1;
        for(nrow=2;nrow<=N.m;nrow++)
            nfirst[nrow]= nfirst[nrow - 1]+ nnum[nrow - 1]

        for(mrow=1;mrow<=M.m;mrow++)           //逐行处理 M
        {
            for(p=1;p<=P->n;p++)
                ptemp[p]= 0;                   //当前行各元素的累加器清零
            for(p=mfirst[mrow];p<mfirst[mrow+1];p++)
            //p 指向 M 当前行中的每一个非零元素
            {
                nrow=M.data[p].col;            //M 中的列号应与 N 中的行号相等
                if(nrow<N.n)  t = nfirst[nrow+1];
                else  t = N.len+1;
                for(q=nfirst[nrow];q<t;q++)
                {
                    pcol=N.data[q].col;        //乘积元素在 Q 中的列号
                    ptemp[pcol]+= M.data[p].data * N.data[q].data;
                }
            }                                  //求得 P 中第 mrow 行的元素
            for(pcol=1;pcol<P->n;pcol++)       //压缩存储该非零元素
```

```
                if(ptemp[pcol])
                {
                    if(++P->len>MAXSIZE)    return 0;
                    P->data[P->len]={mrow,pcol,ptemp[pcol]};
                }
            }
        }
        return(TRUE);                                   //返回 TRUE,表示求矩阵乘积成功
    }                                                   //Multiply
```

稀疏矩阵的三元组顺序表表示法虽然节约了存储空间,但比起矩阵正常的存储方式,其实现相同操作要耗费更多的时间,同时增加了算法的难度,即以耗费更多的时间为代价换取空间的节省。

5.2.2　稀疏矩阵的十字链表表示

上述介绍的三元组顺序表是稀疏矩阵的一种顺序存储表示。顺序存储表示存在两个缺点:其一是需要事先知道所用空间的大小,并静态分配存储空间;其二是当非零元素的位置和个数发生变化时,为保证按行序为主序存储,需要大量移动元素。在 5.2.1 节中,通过事先分配足够大的空间在一定程度上缓解了此问题,但这就必然造成了空间的浪费。在这种情况下,可以采用链接存储表示。十字链表是稀疏矩阵的一种链接存储方式。

十字链表又称正交链表,是三元组的链接表示。稀疏矩阵的每个非零元素仍由三元组表示,这些三元组通过链接方式相互关联。十字链表的每个结点中,除了矩阵元素的三元组信息外,还包含指向同一行下一个非零元素的指针域(right)和指向同一列下一个非零元素的指针域(down)。这样,整个矩阵就构成了一个十字交叉的链表,故称为十字链表。十字链表结点的结构类型说明如下。

```
typedef struct OLNode
{
    int  row,col;                                   //非零元素的行和列下标
    ElemType    data;
    struct OLNode    * right, * down;               //非零元素所在行表、列表的后继链域
}OLNode; * OLink;
```

在稀疏矩阵的十字链表表示中,行链表是由稀疏矩阵中同行的非零元素组成的链表,列链表是由同列的非零元素组成的链表。一个 m×n 的矩阵包含 m 个行链表和 n 个列链表。可以用两个一维数组分别存储每个行链表的头指针和每个列链表的头指针,从而得到十字链表的结构类型说明如下:

```
typedef struct
{
    OLink    * row_head, * col_head;        //行、列链表的头指针向量
```

```
    int     m,n,len;                              //稀疏矩阵的行数、列数、非零元素的个数
}CrossList;
```

其中,行链表表头的 right 域指向该行的第一个非零元素结点的指针;列链表表头的 down 域指向该列的第一个非零元素结点的指针。

图 5.4 为稀疏矩阵的正交链表表示的例子。

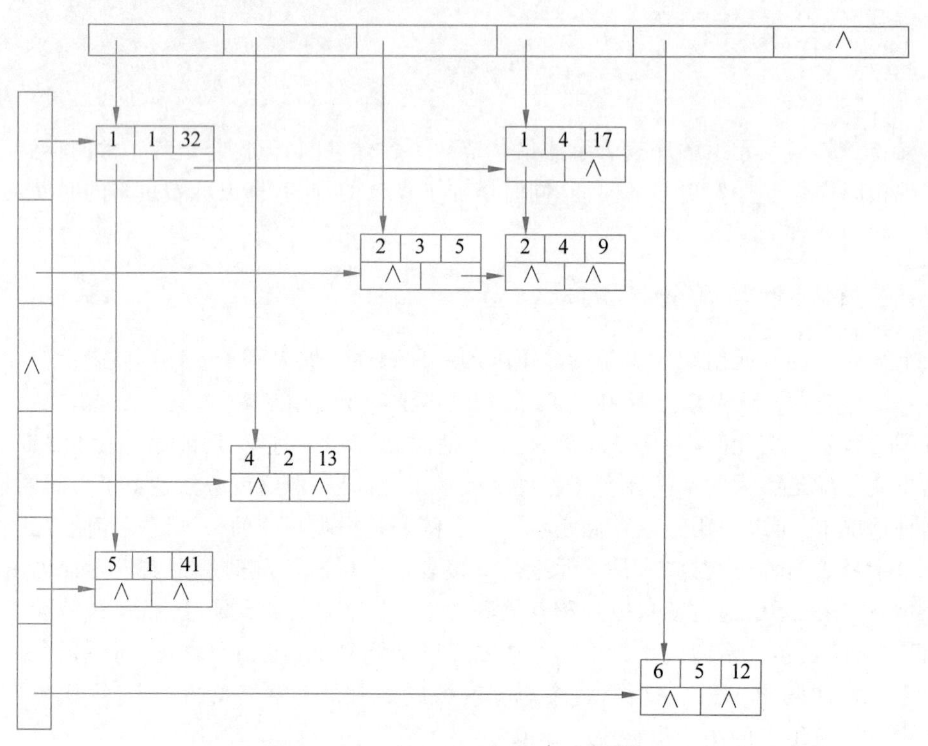

图 5.4 式(5.6)中的矩阵 M 的十字链表表示

创建稀疏矩阵十字链表表示的算法如算法 5.6 所示。

【算法 5.6】

```
void CreateSMatrix (CrossList * M)
{   //采用十字链表存储结构,创建稀疏矩阵 M
    if(M!=NULL) free(M);
    scanf(&m, &n, &t);                              //输入 M 的行数、列数和非零元素的个数
    M->m=m;M->n=n;M->len=t;
    if (! (M - > row _ head = (OLink  *  ) malloc ((m + 1) sizeof (OLink)))) exit
(OVERFLOW);
    if (! (M - > col _ head = (OLink  *  ) malloc ((n + 1) sizeof (OLink)))) exit
(OVERFLOW);
    M->row_head[ ]=M->col_head[ ]=NULL;
    //初始化行、列头指针向量,各行、列链表为空的链表
```

```
    for(scanf(&i, &j, &data); i!=0;  scanf(&i, &j, &data))

    {
        if(!(p=(OLNode *) malloc(sizeof(OLNode)))) exit(OVERFLOW);
        p->row=i; p->col=j; p->data=data;          //生成结点
        if (M->row_head[i]==NULL)   M->row_head[i]=p;

        else {                                     //寻找行表中的插入位置
                for(q=M->row_head[i];q->right&&q->right->col<j;q=q->
right)
                   p->right=q->right;q->right=p;   //完成行插入
        }
        if (M->col_head[j]==NULL)   M->col_head[j]=p;
        else {                                     //寻找列表中的插入位置
               for(q=M->co_head[j];q->down&&q->down->row<i;q=q->down)
                   p->down=q->down;q->down=p;      //完成列插入
        }
    }
}                                                  //CreateSMatrix
```

对于 m 行 n 列 t 个元素的稀疏矩阵，由于每个元素都需要在行链表和列链表中寻找插入位置，因此该算法的时间复杂度为 O(t×s)，其中 s=max(m,n)。

5.3　本章小结

数组是一种特殊的数据结构，用来表示有序的、相同类型的数据的集合。作为一种静态的数据结构，数组必须在声明时用常量指定大小。数组元素的访问是通过指定数组名和下标进行的。

数组中的元素是按照下标顺序连续存储的，特定元素的存储位置可以根据数组首元素的地址及该元素相对于首元素的偏移量进行计算。对于多维数组，不同语言采取的存储主序是不同的。

特殊矩阵由于元素值呈现出一定的规律性，可以进行压缩存储以节省存储空间，这就需要对特定元素存储位置的计算公式进行调整。

稀疏矩阵采用三元组顺序表只存储非零元素，虽然可以大幅节省存储空间，但在实现矩阵转置和乘法运算时，即使借助于一些辅助数组，仍需要耗费较多的时间。十字链表是三元组的链接表示，它的创建过程更加复杂。

习　题　5

一、选择题

1. 设有一个按行存储的二维数组 A[m][n]，假设 A[0][0]的存放位置为 644，A[2][2]

的存放位置为 676，每个元素占据一个空间，则 A[3][3]的存放位置为(　　)。

A. 688　　B. 678

C. 692　　D. 696

2. 稀疏矩阵一般采用的压缩存储方法有两种，即(　　)。

A. 二维数组和三维数组　　B. 三元组和散列

C. 三元组和十字链表　　D. 散列和十字链表

二、问答题

1. C 语言中，数组下标从 0 开始，且 C 语言采用的是按行序为主序的存储方式，请推导 C 语言中：(1)一维数组元素地址的计算公式；(2)二维数组元素地址的计算公式。

2. 已知二维数组 $A_{6\times8}$，其每个元素占 8 个存储单元，且 a_{11} 的存储地址为 1200，试求元素 a_{45} 的存储地址(分别讨论以行序和列序为主序进行分配时的结论)；该数组占用的空间是从哪里到哪里？

3. 已知三维数组 $B_{3\times5\times7}$，其每个元素占 4 个存储单元，且 B_{111} 的存储地址为 1000，以行序为主序进行分配，试求元素 B_{235} 的存储地址；该数组占用的空间有多大？

4. 对于矩阵 $C_{9\times9}$，其每个元素占 6 个存储单元，且 c_{11} 的存储地址为 1500。

试问：

(1) 如果是下三角矩阵，求元素 c_{84} 的存储地址；

(2) 如果是上三角矩阵，求元素 c_{48} 的存储地址；

(3) 如果是对称矩阵，保存为下三角矩阵，求元素 c_{97} 的存储地址。

5. 已知稀疏矩阵 $A_{6\times5}$ 和 $B_{5\times6}$ 如图 5.5 所示，试写出这两个矩阵及其转置矩阵的三元组表示。

$$A_{6\times5}=\begin{bmatrix}3&0&0&12&0\\0&0&7&0&0\\0&0&0&11&0\\0&0&0&0&0\\0&0&0&0&9\\5&0&0&0&0\end{bmatrix},\qquad B_{5\times6}=\begin{bmatrix}2&0&0&3&0&0\\7&0&0&0&0&9\\0&0&0&4&0&0\\0&5&0&0&0&0\\0&0&0&0&0&0\end{bmatrix}$$

图 5.5　稀疏矩阵

6. 对第 5 题所示的稀疏矩阵 $A_{6\times5}$，试画出该矩阵的十字链表表示。

7. 对第 5 题所示的稀疏矩阵 $A_{6\times5}$，分别求矩阵快速转置算法中所得的数组 num[]和 position[]的值。

8. 第 5 题中的稀疏矩阵 $A_{6\times5}$ 和 $B_{5\times6}$ 满足矩阵相乘的条件，求稀疏矩阵相乘算法中的 4 个数组 mnum[]、nnum[]、mfirst[]和 nfirst[]的值，并利用这些值求结果矩阵 $C_{6\times6}$。

三、算法题

1. 已知 A 为有 n 个元素的整型一维数组，试编写实现下列运算的算法。

(1) 求数组 A 中的最小值。

(2) 求数组 A 中元素的和。

(3) 求数组 A 中元素的平均值。

2. 若稀疏矩阵 A 和 B 具有相同的行列数,均采用三元组表示,请编写求矩阵 C 的算法,其中,C 中元素 $c_{ij}=a_{ij}+b_{ij}$。

3. 若稀疏矩阵采用十字链表表示,请编写求矩阵转置的算法。

4. 若稀疏矩阵采用十字链表表示,请编写求矩阵乘法的算法。

第6章 树和二叉树

本章学习目标

- 理解树和二叉树的概念；
- 熟练掌握二叉树的性质；
- 熟练掌握二叉树的存储结构和各种遍历算法，能够利用遍历的思想解决树的相关问题；
- 掌握二叉树与森林的相互转换；
- 理解哈夫曼的概念，熟练掌握哈夫曼编码的实现方法。

本章主要介绍树和二叉树的基本概念及其抽象数据类型、二叉树的性质和遍历、二叉树与森林的转换以及哈夫曼树及其应用。

6.1 树

前几章所述的线性表、栈和队列以及数组都是线性结构的，而树的结构与它们完全不同，树是一种非线性的层次结构。在客观世界中，人们熟悉的人类家族谱系和各种社会管理机构的组织架构都反映了这种层次结构。在计算机科学中，树为具有层次关系或分支关系的数据提供了一种自然的表示，可以用来描述操作系统中文件系统的结构，也可以用来组织数据库系统的信息，还可以用来在编译过程中表示源程序的语法结构，在人工智能和算法分析中也有广泛的应用。

6.1.1 树的抽象数据类型

树是由 $n(n \geq 0)$ 个结点构成的有限集合。当 $n=0$ 时，称为空树；对 $n>0$ 的树 T 有：

(1) 有一个特殊的结点称为根；

(2) 当 $n>1$ 时，除根结点外的其他结点被分成 $m(m>0)$ 个互不相交的集合 $T_1, T_2, \cdots, T_m$。其中，每个集合 $T_i(1 \leq i \leq m)$ 本身又是一棵树，称为根结点的子树。

上述定义是递归的，即在树的定义中又用到了树的概念本身，这种定义方式称为递归定义。因此，在包含树结构的算法中将会频繁地出现递归调用。

图 6.1 是树的例子。这是一棵由 16 个结点组成的树 T。其中 A 是根结点，其余结点分为 3 个互不相交的子集：$T_1=\{B,E,F,K\}$，$T_2=\{C,G,L,M,N\}$，$T_3=\{D,H,I,J,O,P\}$。T_1、T_2、T_3 都是根 A 的子树，这 3 棵子树的根结点分别是 B、C、D。每棵子树本身也是一棵树，可继续划分。例如，子树 T_3 以 D 为根结点，它的其余结点又可分为 3 个互不相交的子集 $T_{31}=\{H\}$，$T_{32}=\{I,O,P\}$，$T_{33}=\{J\}$，而其中 T_{31}、T_{33} 都可认为是仅有一个根结点的子树。

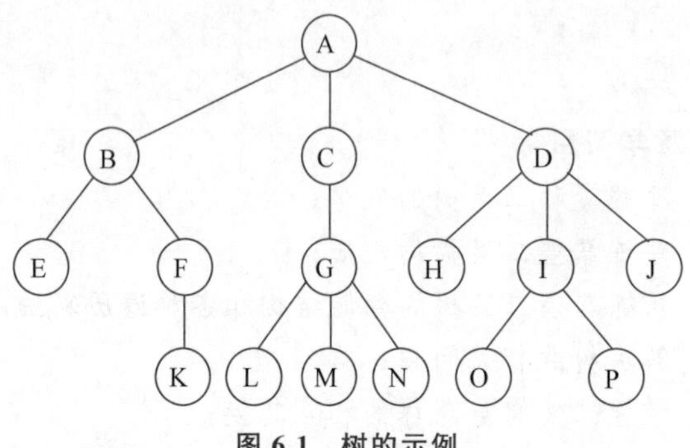

图 6.1　树的示例

图 6.1 所示的树采用的是树的直观表示，这种表示法直观地描述了树的逻辑结构，本书基本上都采用这种直观表示。与日常生活中看到的自下而上生长的树不同，直观表示法表示的树是自上至下生长的。

除此之外，树还有嵌套集合表示和凹入表示等多种表示方法，图 6.2 和图 6.3 分别以嵌套集合表示法和凹入表示法表示图 6.1 所示的树。这里，嵌套集合表示法利用了集合的文氏图表示法，结点的子树表示为该结点表示集合的子集。凹入表示法则是一种结点逐层凹入的表示方法。多种多样的表示方法正说明了树结构的广泛应用。

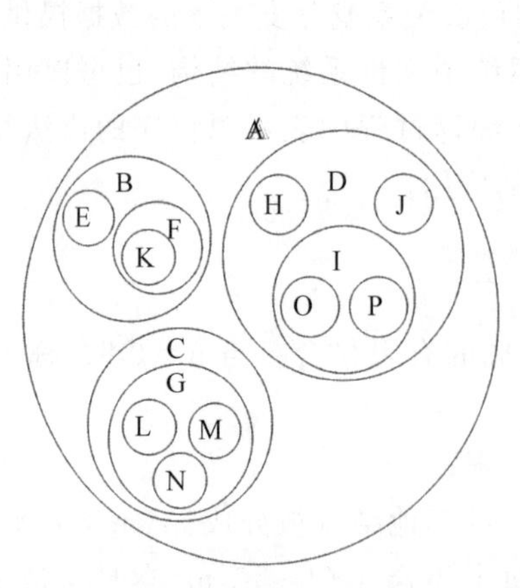

图 6.2　树的嵌套集合表示

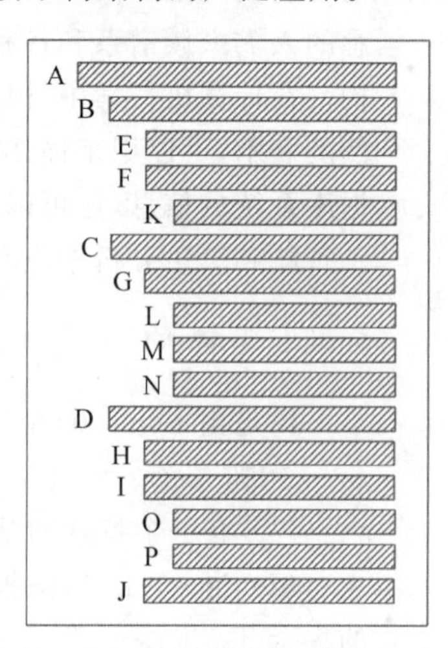

图 6.3　树的凹入表示

和线性表一样，树也有创建、销毁、查询、插入、删除、遍历等基本操作。对于线性表的基本操作，基本上通过 for 循环或 while 循环就可以实现。对于树的基本操作，很多都是通过递归算法实现的。插入操作是在树中给定结点处插入一棵子树；而删除操作则是删除树中给定结点的指定子树。对于遍历操作，按某种方式访问树中的每个结点且每个结点只被访问一次。下面是树的抽象数据类型定义。

```
ADT Tree {
    数据对象：D 是具有相同的特性的数据元素的集合，称为结点集
    数据关系：R={H}
    若 D 为空集或 D 中仅含有一个数据元素，则 R 为空集；否则 H 是如下的二元关系：
    (1)在 D 中存在唯一的称为根的数据元素 root，它在关系 H 下没有前驱；
    (2)除 root 以外，每个结点在关系 H 下都有且仅有一个前驱；
    (3)除 root 以外，D 中结点可以划分为 m(m>0)个互不相交的子集，每个子集及 H 在该子集
上的限制又构成了一棵符合本定义的树，称为 root 的子树。
    基本操作：
    InitTree(&T)
    操作结果：将 T 初始化为一棵空树
    DestroyTree(&T)
    初始条件：树 T 存在
    操作结果：销毁树 T
    CreateTree(&T,n,T1,T2,…,Tn)
    操作结果：通过创建一个新的根结点创建一棵树，根结点以 T1,T2,…,Tn 为子树，若 n=0，
所创建树仅有根结点。创建成功则返回 TRUE
    ClearTree(&T)
    初始条件：树 T 存在
    操作结果：将树 T 清为空树
    TreeEmpty(T)
    初始条件：树 T 存在
    操作结果：若 T 为空树，则返回 TRUE；否则，返回 FALSE
    TreeHeight(T)
    初始条件：树 T 存在
    操作结果：返回树 T 的高度
    Root(T)
    初始条件：树 T 存在
    操作结果：返回树 T 的根
    GetValue(T,x)
    初始条件：树 T 存在，且 x 是 T 中的结点
    操作结果：返回 x 的结点信息
    SetValue(T,x,value)
    初始条件：树 T 存在，且 x 是 T 中结点
    操作结果：将结点 x 的信息设为 value
    Parent(T,x)
    初始条件：树 T 存在，且 x 是 T 中的结点
```

```
    操作结果:若 x 是 T 的非根结点,则返回它的双亲;否则返回"空"
    FirstChild(T,x)
    初始条件:树 T 存在,且 x 是 T 中结点
    操作结果:若 x 是 T 的非叶子结点,则返回它的第一个孩子结点;否则返回"空"
    NextSibling(T,x)
    初始条件:树 T 存在,且 x 是 T 中的结点
    操作结果:若 x 不是其双亲的最后一个孩子结点,则返回 x 的下一个兄弟结点;否则返回"空"
    InsertChild(&T,&p,Child)
    初始条件:树 T 存在,指针 p 指向 T 中的某个结点,非空树 Child 与 T 不相交
    操作结果:将 Child 插入 T 中,作为 p 所指结点的子树
    DeleteChild(T,p,i)
    初始条件:树 T 存在,指针 p 指向 T 中的某个结点,1≤i≤d,d 为 p 所指结点的度
    操作结果:删除 T 中 p 所指结点的第 i 棵子树
    TraverseTree(T,Visit())
    初始条件:树 T 存在,Visit()是对结点进行访问的函数
    操作结果:按照某种次序对树 T 的每个结点调用 Visit()函数访问一次且最多一次若
Visit()失败,则操作失败
} ADT Tree
```

6.1.2 树的基本术语

关于树结构的讨论中经常使用家族谱系的惯用语,例如孩子、双亲、兄弟、子孙、祖先等,下面依次介绍这些术语。

树的结点代表树中的一个数据元素,它包含一个数据信息及若干指向其子树的分支,这些子树的根结点称为该结点的孩子(或直接后继),而该结点称为其子树根结点的**双亲**(或直接前驱)。例如,在图 6.1 所示的树中,根结点 A 有 3 棵子树,它们的根结点分别是 B、C、D,因此 B、C、D 是 A 的孩子,A 是 B、C、D 的双亲。同理,B 是 E、F 的双亲。

拥有同一个双亲的结点互为兄弟。如图 6.1 所示,B、C、D 互为兄弟,E、F 也互为兄弟。

将双亲与孩子的关系进一步推广,一个结点的祖先是指从根结点到该结点所经过的所有结点,反之,以某结点为根的子树中的所有结点都是该结点的子孙。如图 6.1 所示,M 的祖先为 A、C、G,而 D 的子孙为 H、I、J、O 和 P。

一个结点的子树个数称为该结点的度。树的度是树内各结点的度的最大值。度为 0 的结点,即无后继的结点称为叶子结点。度不为 0 的结点称为分支结点,也称非终端结点。除根结点外的分支结点也称内部结点。如图 6.1 所示,根结点 A 的度为 3,B 的度为 2,该树的度为 3,其中 E、K、L、M、N、H、O、P 和 J 为叶子结点,其余结点为分支结点。

结点的层次是从根结点开始定义的,根结点的层次为 1,根结点的孩子结点的层次为 2,以此类推,若某结点的层次为 k,则它的孩子结点的层次就是 k+1。双亲在同一层次的结点互为堂兄弟。树中所有结点的层次的最大值称为树的高度(或深度)。如图 6.1 所示,A 在第一层,B 在第二层,E 在第三层,K 在第四层,同在第三层的 E、F、G、H、I 和 J 互

为堂兄弟，该树的高度为4。

森林是m(m≥0)个互不相交的树的集合。对树中每个结点来说，其子树的集合就构成了一个子树森林。如图6.1所示，根结点A的3棵分别以B、C、D为根的子树就构成了一个森林。

如果树中结点的各子树之间是有先后次序的，则称该树为**有序树**，否则称为**无序树**。习惯上，有序树中结点的各个孩子按从左到右的顺序排列。如图6.1所示，若该树为有序树，则其最左边的子树的根B为A的第一个孩子，C为A的第二个孩子，D为A的第三个也是最后一个孩子。需要注意的是，图6.4中，由于A的两个孩子在两棵树中的顺序不同，因此表示的是两棵不同的有序树。

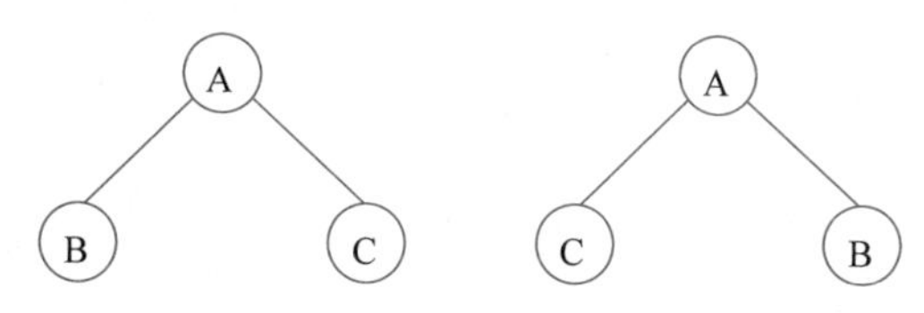

图6.4　两棵不同的有序树

6.1.3　树的存储结构

由于树是一种非线性结构，树的存储结构可以采用多种表示方法反映这种特点，比较典型的有双亲表示法、孩子链表表示法、孩子表示法和孩子兄弟表示法。

1. 双亲表示法

采用双亲表示法表示树就是将树结点顺序存储在一个数组中。每个数组元素中除存放结点信息外，还需要存放该结点双亲的下标值，这一点利用了树中的每个结点只有唯一的双亲结点。树的双亲表示法存储结构描述如下：

```
#define MAXSIZE 1000                              //结点的个数最多为1000
typedef struct
{
    ElemType  data;                               //结点信息
    int     parent;                               //双亲结点下标
} TNode;
TNode     tree[MAXSIZE+1];                        //树的双亲表示法数组,tree[0]未用
```

采用这种存储结构，图6.1中的树表示如表6.1所示。在表6.1中，凡是双亲结点相同的结点，它们的parent域也相同，并且parent域值为其双亲结点的下标。需要注意的是，由于根结点没有双亲结点，其parent域值为0。

表6.1　树的双亲表示法

下标	1	2	3	4	5	6	7	8	9	10	11	12	13	14	15	16
data	A	B	C	D	E	F	G	H	I	J	K	L	M	N	O	P
parent	0	1	1	1	2	2	3	4	4	4	6	7	7	7	9	9

在这种存储方式中，每个结点通过 parent 域连接双亲结点，parent(T,x)只需要返回结点 x 的 parent 域，可以在固定时间完成，因此适合求指定结点的双亲乃至祖先(包括根结点)；但是要想获取结点 x 的孩子乃至后代的信息就不是那么方便，可能要遍历整个数组。

2. 孩子链表表示法

孩子链表表示法是将树中每个结点设置一个指针域，该指针指向由该结点所有孩子结点构成的链表。树中所有结点的信息及其孩子链表的头指针又组成一个顺序表。这种存储结构的描述如下。

```
#define MAXSIZE 1000                          //结点的个数最多为 1000
typedef struct ChildNode                      //孩子链表表示法结点的定义
{
    int Child;                                //该孩子结点在顺序表中的位置
    struct ChildNode * next;                  //指向下一个孩子结点的指针
} ChildNode;
typedef struct                                //顺序表结点的结构定义
{
    ElemType  data;                           //结点信息
    ChildNode * FirstChild;                   //指向孩子链表的头指针
} TNode;
TNode   tree[MAXSIZE+1];                      //树的孩子链表表示的顺序存储
```

图 6.1 中的树的孩子链表表示存储结构如图 6.5 所示。

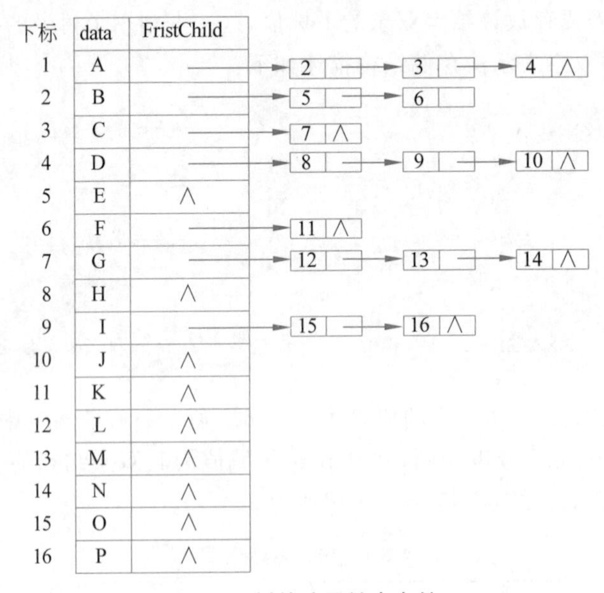

图 6.5 树的孩子链表存储

与双亲表示法相反，孩子链表表示法便于实现涉及孩子及其子孙的运算，但不便于实现与双亲有关的运算。因此，可以将双亲表示法和孩子链表表示法相结合，在孩子链表表示的顺序表中增加一个 parent 域，这就是树的孩子双亲表示法，它结合了双亲表示法和孩子链表表示法的优点。

3. 孩子表示法

树的孩子表示法有两种方式：如果树中每个结点除存储结点信息外，根据树的度 k 另设 k 个指针，分别指向该结点可能存在的 k 个孩子结点，则这种结点结构适用于树中所有结点，结点存储大小固定，因此称为定长结点。采用定长结点存储结构，图 6.1 中的树的度为 3，其定长结点存储结构如图 6.6 所示。采用定长结点法表示树时，由于 k 是树中结点度的最大值，必然会有很多空指针，因此浪费空间。

另外一种孩子表示法采用不定长的结点结构，即根据树中每个结点的度设置指针数，并在结点中增设一个该结点度的域，则各结点存储大小不固定，虽然可以节省空间，但会给操作的实现带来不便。

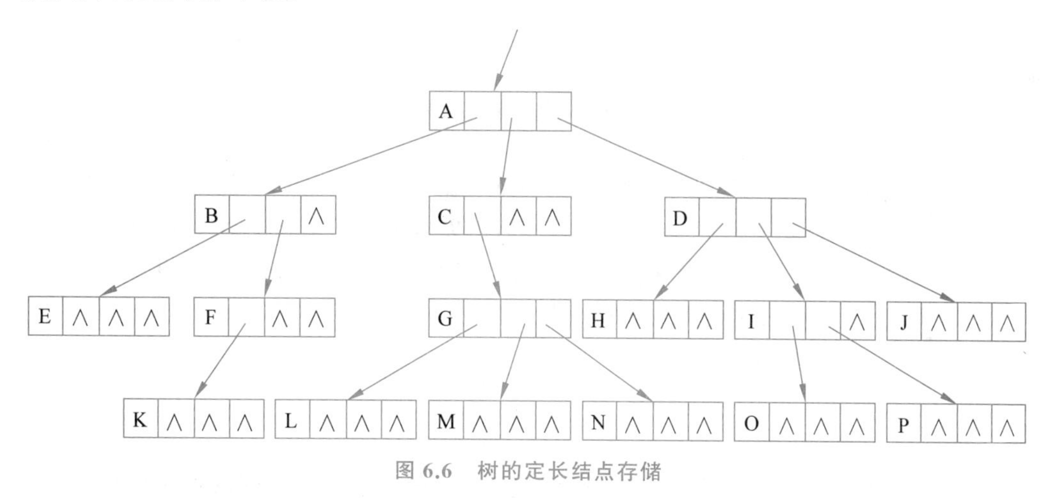

图 6.6　树的定长结点存储

4. 孩子兄弟表示法

树最常用的是孩子兄弟表示法，这种方法表示规范，不仅适用于树的存储，也适用于森林的存储。构成孩子兄弟链表的结点结构是：一个结点信息域和两个指针域，孩子指针指向它的第一个孩子结点，兄弟指针指向它的下一个兄弟结点。这种存储结构的描述如下：

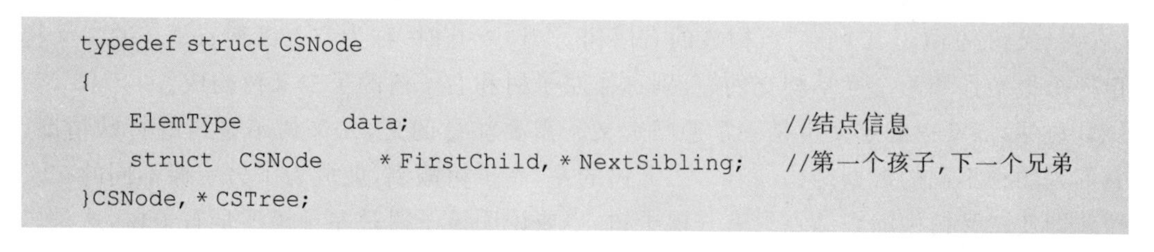

```
typedef struct CSNode
{
    ElemType        data;                                     //结点信息
    struct  CSNode     * FirstChild, * NextSibling;   //第一个孩子，下一个兄弟
}CSNode, * CSTree;
```

孩子兄弟表示法的结点结构如图 6.7 所示。

FirstChild	data	NextSibling

图 6.7　孩子兄弟表示法的结点结构

图6.1中的树的孩子兄弟表示存储结构如图6.8所示。

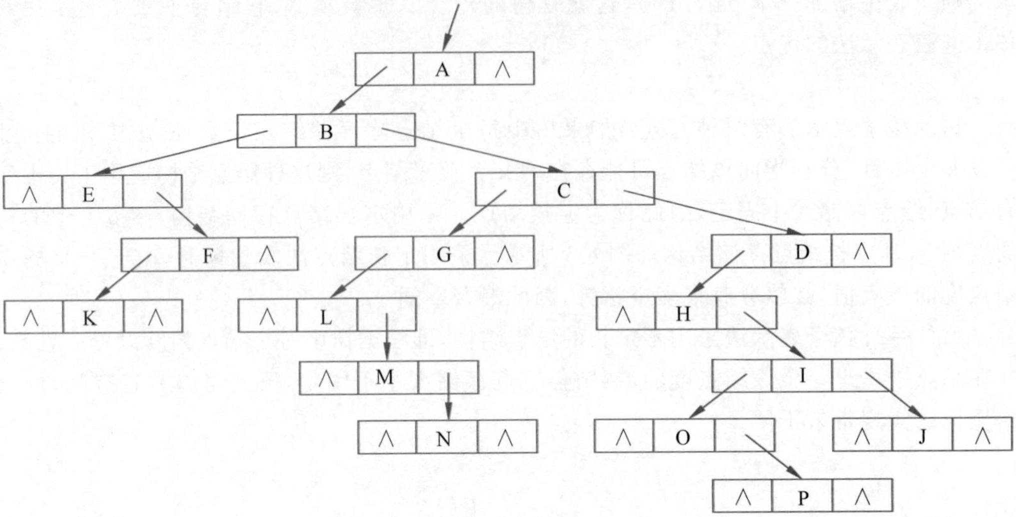

图 6.8 树的孩子兄弟表示

这种存储结构便于实现树的各种操作，例如：如果要访问结点 x 的第 i 个孩子，则只要先从 FirstChild 域找到第一个孩子结点，然后沿着这个孩子结点的 Nextsibling 域连续走 i－1 步，便可找到 x 的第 i 个孩子。如果在这种结构中为每个结点增设一个 parent 域，则同样可以方便地实现查找双亲的操作。

6.2 二 叉 树

二叉树在树状结构的应用中起着非常重要的作用。许多实际问题抽象出来的数据结构往往是二叉树的形式，树的孩子兄弟表示也是树状结构的一种二叉表示，因此很容易转换为二叉树，并且二叉树的存储结构及其算法都较为简单，因此二叉树显得特别重要。

6.2.1 二叉树的抽象数据类型

二叉树是 n(n≥0)个结点构成的有序树。当 n＝0 时，称为空二叉树；n＞0 的二叉树由一个根结点和两个互不相交的、分别称作左子树和右子树的子二叉树构成。

显然，二叉树的定义也是一个递归定义。需要注意的是，二叉树不是树的特殊情况，它们是两种不同的数据结构。若将二叉树的左、右子树颠倒，就成为了另一棵不同的二叉树。即使二叉树中的根结点只有一棵子树，也要说明该子树是左子树还是右子树，这是二叉树与树的最主要的差别。因此，图6.9所示的是两棵不同的二叉树。

由此定义可以看出，由于每个结点可能有0、1、2个孩子结点，因此二叉树每个结点的度不大于2，并且由于是有序树，通常把结点左边的孩子称为左孩子，右边的孩子称为右孩子。

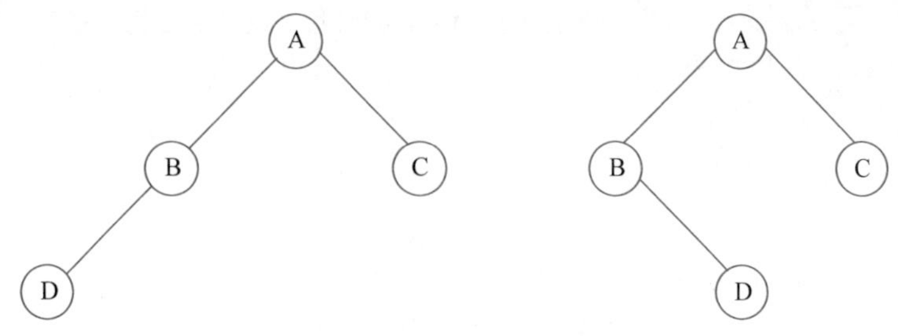

图 6.9　两棵不同的二叉树

由于二叉树可以是空树，根结点可以有非空的左子树和右子树，也可以有空的左子树或右子树，或者左右子树均为空，因此，二叉树共有 5 种基本形态，如图 6.10 所示。

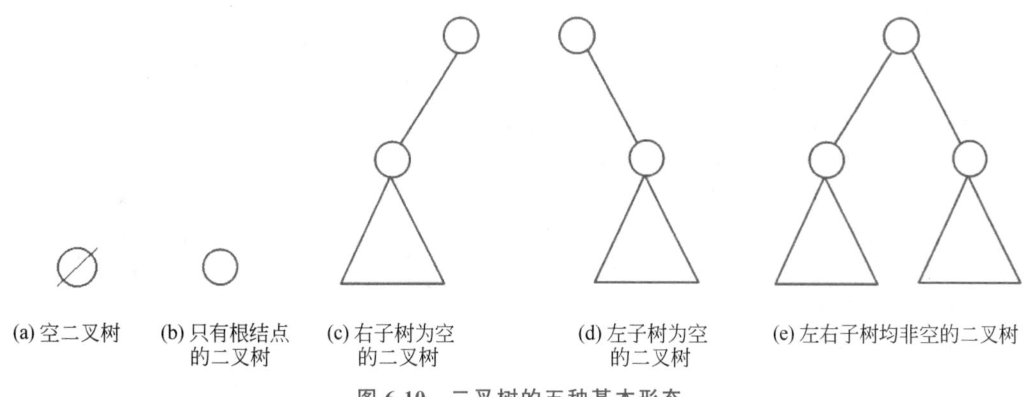

图 6.10　二叉树的五种基本形态

二叉树的基本操作与树类似，但由于二叉树至多有左右两棵子树，因此实现起来比树更为简单。二叉树的抽象数据类型如下。

```
ADT BinaryTree{
  数据对象 D:一个集合,该集合中的所有元素具有相同的特性
  数据关系 R:若 D 为空集,则为空二叉树
      若 D 中仅含有一个数据元素,则 R 为空集;否则 R={H},H 是如下的二元关系:
      (1)在 D 中存在唯一的称为根的数据元素 root,它在关系 H 下没有前驱;
      (2)除 root 以外,每个结点在关系 H 下都有且仅有一个前驱;
      (3)除 root 以外,D 中结点可以划分为两个互不相交的子集,每个子集及 H 在该子集上的
         限制又构成了一棵符合本定义的二叉树,一棵称为 root 的左子树和一棵称为 root
         的右子树。
  基本操作
  InitBTree(&BT)
  操作结果:将 BT 初始化为一棵空二叉树
  DestroyBTree(&BT)
  初始条件:二叉树 BT 存在
  操作结果:销毁二叉树 BT
  CreateBTree(&BT,BTl,BTr)
```

操作结果:通过创建一个新的根结点创建一棵二叉树,根结点以 BTl 为左子树,以 BTr 为右子树。创建成功后返回 TRUE

ClearBTree(&BT)

初始条件:二叉树 BT 存在

操作结果:将二叉树 BT 清为空树

BTreeEmpty(BT)

初始条件:二叉树 BT 存在

操作结果:若 BT 为空二叉树,则返回 TRUE;否则返回 FALSE

BTreeHeight(BT)

初始条件:二叉树 BT 存在

操作结果:返回二叉树 BT 的高度

Root(BT)

初始条件:二叉树 BT 存在

操作结果:返回二叉树 BT 的根

GetValue(BT,x)

初始条件:二叉树 BT 存在,且 x 是 BT 中的结点

操作结果:返回 x 的结点信息

SetValue(BT,x,value)

初始条件:二叉树 BT 存在,且 x 是 BT 中的结点

操作结果:将结点 x 的信息设为 value

Parent(BT,x)

初始条件:二叉树 BT 存在,且 x 是 BT 中的结点

操作结果:若 x 是 BT 的非根结点,则返回它的双亲;否则返回"空"

LeftChild(BT,x)

初始条件:二叉树 BT 存在,且 x 是 BT 中的结点。

操作结果:若 x 是 BT 的非叶子结点,则返回它的左孩子结点;否则返回"空"

RightChild(BT,x)

初始条件:二叉树 BT 存在,且 x 是 BT 中的结点。

操作结果:若 x 是 BT 的非叶子结点,则返回它的右孩子结点;否则返回"空"

LeftSibling(BT,x)

初始条件:二叉树 BT 存在,且 x 是 BT 中的结点

操作结果:返回 x 的左兄弟结点;若 x 无左兄弟,则返回"空"

RightSibling(BT,x)

初始条件:二叉树 BT 存在,且 x 是 BT 中的结点。

操作结果:返回 x 的右兄弟结点;若 x 无右兄弟,则返回"空"

InsertChild(&BT,&p,n,Child)

初始条件:二叉树 BT 存在,指针 p 指向 BT 中的某个结点,n 为 0 或 1,非空二叉树 Child 与 BT 不相交且右子树为空

操作结果:根据 n 为 0 或 1,将 Child 插入为 BT 中 p 所指结点的左或右子树,p 原有的左或右子树成为 Child 的右子树

DeleteChild(BT,p,n)

初始条件:二叉树 BT 存在,指针 p 指向 BT 中的某个结点,n 为 0 或 1

操作结果:根据 n 为 0 或 1,删除 BT 中 p 所指结点的左或右子树

```
  PreOrder(BT,Visit())
  初始条件:二叉树 BT 存在,Visit()是对结点进行访问的函数。
  操作结果:先根遍历二叉树 BT,对每个结点调用 Visit()函数访问一次且最多一次
若 Visit()失败,则操作失败
  InOrder(BT,Visit())
  初始条件:二叉树 BT 存在,Visit()是对结点进行访问的函数
  操作结果:中根遍历二叉树 BT,对每个结点调用 Visit()函数访问一次且最多一次
若 Visit()失败,则操作失败
  PostOrder(BT,Visit())
  初始条件:二叉树 BT 存在,Visit()是对结点进行访问的函数
  操作结果:后根遍历二叉树 BT,对每个结点调用 Visit()函数访问一次且最多一次
若 Visit()失败,则操作失败
  LevelOrder(BT,Visit())
  初始条件:二叉树 BT 存在,Visit()是对结点进行访问的函数
  操作结果:层序遍历二叉树 BT,对每个结点调用 Visit()函数访问一次且最多一次
若 Visit()失败,则操作失败
}ADT BinaryTree
```

6.2.2 二叉树的性质

二叉树具有以下重要性质。

性质1 二叉树第 $i(i\geqslant1)$ 层上至多有 2^{i-1} 个结点。

如图6.11所示,二叉树BT的第一层只有根结点A,结点个数为 $1=2^{1-1}$;第二层有结点B和C,结点个数为 $2=2^{2-1}$;第三层有结点D、E、F和G,结点个数为 $4=2^{3-1}$ 个,第四层有结点H、I和J,结点个数为 $3<2^{4-1}$。

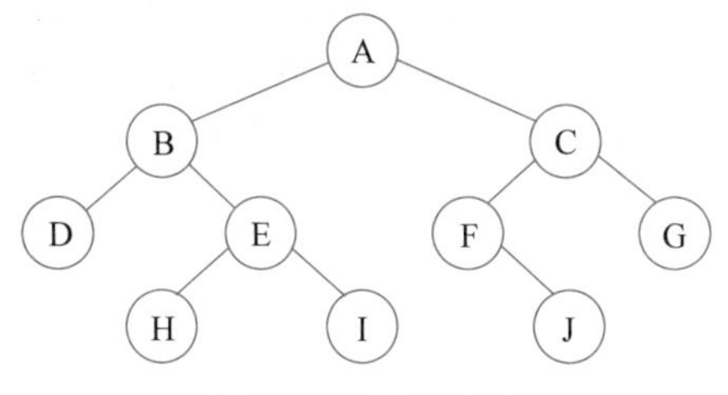

图6.11 二叉树BT

性质2 高度为 $k(k\geqslant1)$ 的二叉树至多有 2^k-1 个结点。

由 $2^0+2^1+\cdots+2^{k-1}$,得到 2^k-1

在图6.11中,二叉树BT的高度为4,结点个数为 $10<2^4-1=15$。

性质3 在任意二叉树中,若叶子结点(度为0的结点)个数为 n_0,度为1的结点个数为 n_1,度为2的结点个数为 n_2,那么 $n_0=n_2+1$。

由 $n=n_0+n_1+n_2$,$F(分支)=n-1=2n_2+n_1$ 得到 $n_0=n_2+1$

在图6.11中,二叉树BT的叶子结点个数 $n_0=5$,度为2的结点个数为 $n_2=4$,满足 $n_0=n_2+1$。

下面介绍两种特殊形态的二叉树：满二叉树和完全二叉树。

由二叉树的性质2，高度为k(k≥1)的二叉树至多有2^k-1个结点，对于达到此数量上限的二叉树，即高度为k且含有2^k-1个结点的二叉树，称为**满二叉树**，如图6.12所示。对满二叉树的结点可以从根结点开始自上向下、自左至右顺序编号，图6.12中每个结点斜上角的数字就是该结点的编号。

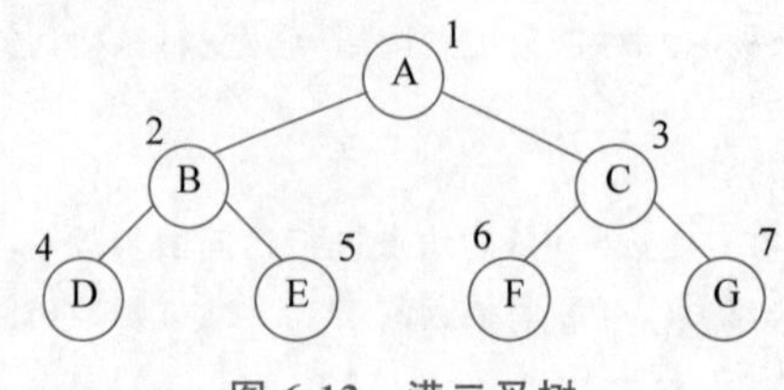

图6.12 满二叉树

对于高度为k，含有n个结点的二叉树，如果它的每个结点的编号与相应满二叉树结点顺序编号从1到n相对应，则称此二叉树为**完全二叉树**，如图6.13(a)所示，但是图6.13(b)则不是完全二叉树。

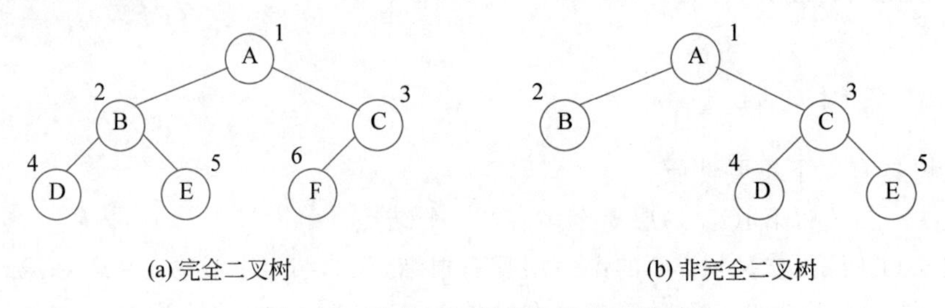

图6.13 完全二叉树与非完全二叉树

通过观察可以发现，在满二叉树的最底层自右至左依次去掉若干结点后得到的二叉树就是完全二叉树，因此，完全二叉树所有的叶子结点都出现在最低两层，并且每个结点的左子树或者与右子树高度相同，或者比右子树高度大1。

性质4 具有n个结点的完全二叉树高度为$\lfloor \log_2 n \rfloor+1$(其中$\lfloor x \rfloor$表示不大于x的最大整数)。

由$2^{k-1}-1< n \leqslant 2^k-1$，$k-1\leqslant \log_2 n<k$，得到$k=\lfloor \log_2 n \rfloor+1$

图6.13(a)中的二叉树共有6个结点，其高度为$3=\lfloor \log_2 6 \rfloor+1$，满足性质4。

性质5 若对有n个结点的完全二叉树按照从上至下、从左至右进行顺序编号，那么对于编号为i($1\leqslant i\leqslant n$)的结点：

(1) 当$i=1$时，该结点为根，无双亲结点；当$i>1$时，该结点的双亲结点编号为$\lfloor i/2 \rfloor$；

(2) 若$2i\leqslant n$，则它有编号为2i的左孩子，否则没有左孩子；

(3) 若$2i+1\leqslant n$，则它有编号为$2i+1$的右孩子，否则没有右孩子。

对照图6.13(a)，可以看到由性质5描述的结点与编号的对应关系，例如，结点B的编号为2，它的双亲结点A编号为1，它的左孩子结点D编号为4，右孩子结点E编号为5。

6.2.3　二叉树的存储结构

作为一种非线性结构，由于二叉树至多有左右两棵子树，所以无论是采用顺序存储结构还是采用链表存储结构，其存储结构都比一般的树简单。

1. 顺序存储结构

类似于树的双亲表示法，顺序存储也是用一组连续的存储单元存储二叉树的数据元素，每个数组元素存储树的一个结点的数据信息。但是，必须把二叉树的所有结点安排成为一个恰当的序列，结点在这个序列中的相互位置能反映出结点之间的逻辑关系，通常存放该结点的数组下标正是二叉树性质 5 中完全二叉树采用的编号。二叉树的顺序存储结构描述如下：

```
#define MAXSIZE 1000                          //结点的个数最多为 1000
typedef ElemType    BT[MAXSIZE+1];            //存放二叉树的数组类型
```

显然，如果存储的是完全二叉树，则采用这种存储结构可以方便地由某结点寻找到其双亲结点和孩子结点。如果存放某结点的数组下标为 i，由二叉树性质 5，存放该结点双亲结点的数组下标为$\lfloor i/2 \rfloor$，存放该结点左、右孩子结点的数组下标分别为 2i 和 2i+1。但若存储的不是完全二叉树，则必须留下相应的“空位”，以保证双亲和左、右孩子结点下标计算的正确，对应“空位”处的数组值为 0，以表明该结点不存在。

例如，对图 6.13 所示的两棵二叉树，其存储结构分别如表 6.2(a)和(b)所示。

表 6.2　二叉树的顺序存储结构

(a)完全二叉树的顺序存储结构

下标	1	2	3	4	5	6
值	A	B	C	D	E	F

(b) 非完全二叉树的顺序存储结构

下标	1	2	3	4	5	6	7
值	A	B	C	0	0	D	E

对于非完全二叉树，“空位”的存在使得这种存储结构更加适合于存储完全二叉树、满二叉树。对于右单支树的极端情况，如图 6.14 所示，该二叉树只有 k 个结点，却需要分配 2^k-1 个数组元素的空间，会造成空间的极大浪费。一般来讲，二叉树较少采用顺序存储结构。

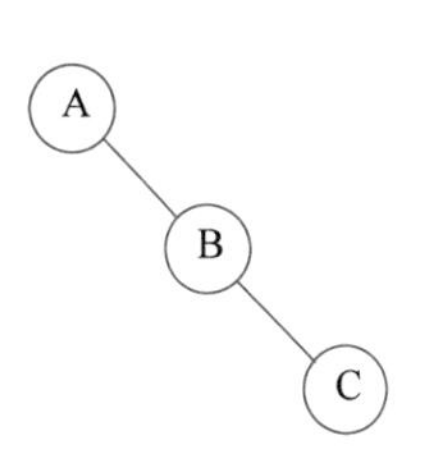

图 6.14　右单支树

2. 链式存储结构

根据二叉树的定义，二叉树的结点结构由结点信息域及分别指向其左、右子树根结点的两个指针域构成，这种存储二叉树的结点结构称为二叉链表，具体描述如下。

```
typedef struct    node
{
    ElemType    data;                               //结点信息
    struct node     * lchild, * rchild;             //左、右指针域
} Bnode, * BTree;
```

有时，为了方便地实现寻找双亲结点，还可以增设一个指向其双亲结点的指针域，这样得到的结点结构称为三叉链表，具体描述如下：

```
typedef struct    node3
{
    ElemType    data;                               //结点信息
    struct node3     * lchild, * parent, * rchild;  //parent 是双亲指针域
} Bnode3, * BTree3;
```

图 6.11 中二叉树的二叉链表的存储结构如图 6.15 所示，三叉链表的存储结构如图 6.16 所示。

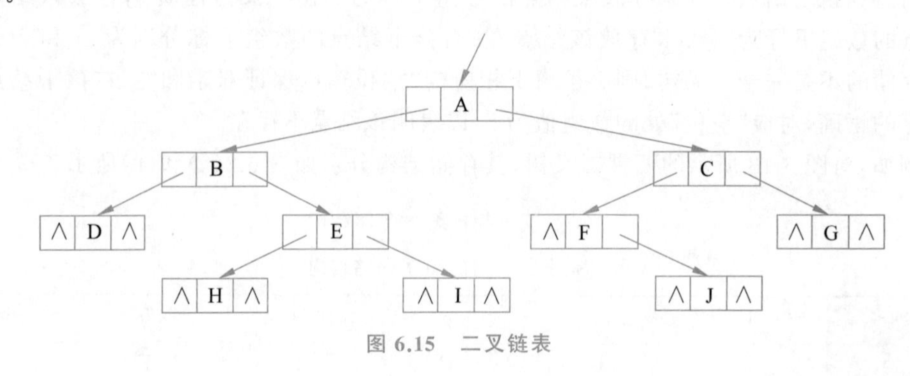

图 6.15　二叉链表

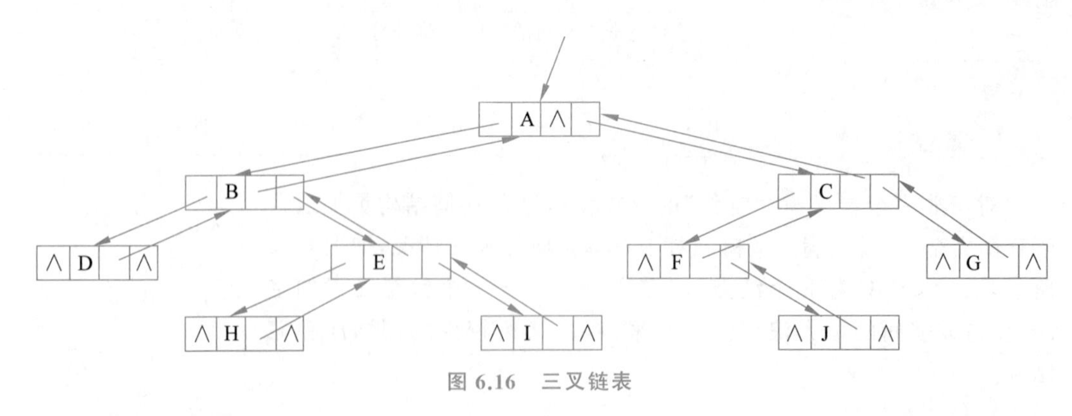

图 6.16　三叉链表

存储结构不同，实现二叉树的操作也不同。对于查找双亲操作，在三叉链表中很容易实现；在二叉链表中则需要从根指针出发一一查找。可见，在具体应用中，需要根据二叉树的形态和需要进行的操作决定二叉树的存储结构。

采用二叉链表存储结构，二叉树的初始化和创建操作如算法 6.1 所示。

【算法 6.1】

```
void InitBTree(BTree &BT)
{
    BT=NULL;
}                                                    //InitBTree
int CreateBTree(BTree &BT,BTree BTl,BTree BTr)
{
    if ((BT=(BTree)malloc(sizeof(Bnode))) !=NULL)
    {
        BT->lchild = BTl;
        BT->rchild = BTr;
        return TRUE;                                 //如果创建成功,则返回 TRUE
    }
    return FALSE;                                    //否则返回 FALSE
}                                                    //CreateBTree
```

6.3　二叉树的遍历

在二叉树的一些应用中,常常要求在二叉树中查找满足某种特征的结点,或者对树中的全部结点逐一进行某种处理(如输出结点信息),这就引入了遍历二叉树的问题。遍历二叉树的过程实质是把二叉树的结点进行线性排列的过程,从而可以按这种线性排列访问树中的每个结点,使得每个结点均被访问一次且仅被访问一次。遍历对线性结构是容易解决的,而二叉树是非线性的,因此需要寻找一种规律,以便使二叉树上的结点能排列在一个线性队列上,从而便于遍历。

根据二叉树的定义,二叉树根结点和左、右两棵子树三部分构成,如果用 T 代表访问根结点,L 代表遍历左子树,R 代表遍历右子树,则二叉树可以有 TLR、LTR、LRT、TRL、RTL 和 RLT 六种遍历方式,然而经常用到的总是先左后右的顺序,所以将 TLR 表示的遍历称为先根遍历,LTR 表示的遍历称为中根遍历,LRT 表示的遍历称为后根遍历。当然,也可以一层一层地访问二叉树中的结点,这种遍历称为层序遍历,由于涉及不同子树同一层次的结点,因此层序遍历不能简单地用 L、T、R 排列的方式表示。

6.3.1　常用的二叉树遍历算法

下面依次介绍几种常用的遍历操作及其算法。由于二叉树选择不同的存储结构,遍历算法实现也会有所不同,这里采用二叉链表作为存储结构。

1. 先根遍历

先根遍历二叉树的操作递归的定义为:

如果根不空,则

(1) 访问根结点;

(2) 按先根顺序遍历左子树；

(3) 按先根顺序遍历右子树；

否则返回。

由此可得先根遍历的算法如算法 6.2 所示。

【算法 6.2】

```
void preorder(BTree p)
{
    if (p!=NULL)
    {
        visit(p);                                  //访问根结点
        preorder(p->lchild);                       //按先根顺序遍历左子树
        preorder(p->rchild);                       //按先根顺序遍历右子树
    }
}                                                  //preorder
```

对图 6.11 中的二叉树进行先根遍历的示意如图 6.17 所示。

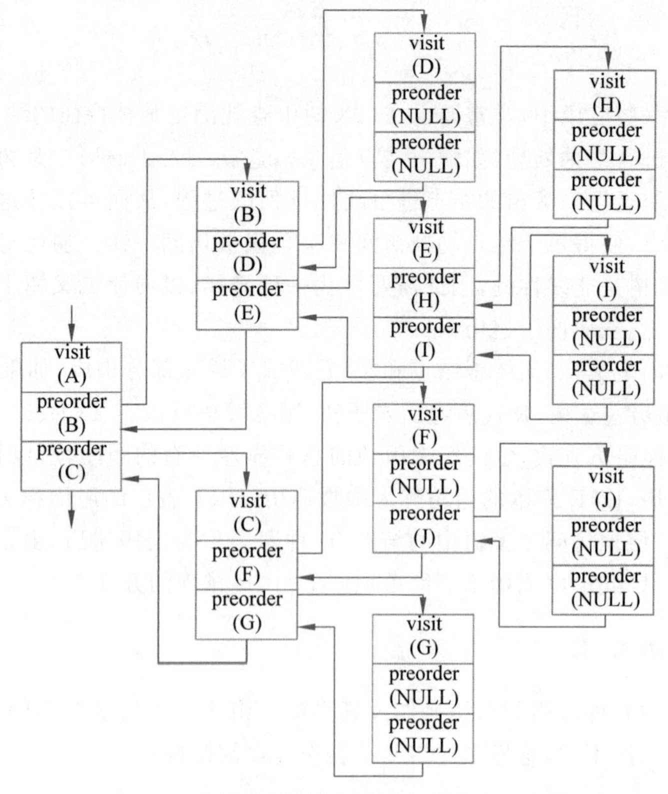

图 6.17　先根遍历递归调用执行过程的示意图

图 6.11 中的树高度为 4，递归调用的深度为 5 层。这就是在遇到空的子树（如递归调用 D 的左子树和右子树）时，它也调用了一次 preorder 函数，只不过因为子树的根为空，

函数立即返回而已。

从二叉树先根遍历的定义及其算法描述可以知道，对任何一棵二叉树，其先根遍历所得的结点的线性序列是唯一的。假设遍历二叉树时访问结点的操作就是输出结点信息的值，那么遍历的结果就是输出一个结点信息的线性序列。对于图6.11所示的二叉树，其先根遍历输出的结点序列为A、B、D、E、H、I、C、F、J、G。

在上述递归算法中，对某层根结点访问（调用visit(p)）之后，便对其左子树进行先根遍历（调用preorder(p->lchild)），从而进入下一层递归调用，当返回本层调用时，仍以本层根结点为基础对其右子树进行先根遍历（从preorder(p->lchild)返回后调用preorder(p->rchild)）。必须保证两次调用前后p值保持不变，才能实现正确的先根遍历，系统堆栈承担了维护p值的任务。递归算法简明精练，时间复杂度也和非递归算法相同，但递归调用的层层进入和逐层返回会降低系统的执行效率，因此，在实际应用中往往会用到非递归方法。

在先根遍历的非递归算法中，需要人为地维护一个堆栈以存放经过的根结点的指针。由于先根遍历首先访问的是根结点，如果访问每个结点都是对弹出的栈顶元素进行访问，那么在调用preorder(p)时需要首先将p压入栈；在堆栈不为空的情况下，弹出栈顶元素进行访问，然后考虑到堆栈后进先出的特点，只有先右子树根结点入栈、后左子树根结点入栈，才能保证左子树中的结点先弹出，从而先访问；如果堆栈为空，则说明所有结点都已访问完毕，遍历结束。由此可得二叉树先根遍历的非递归算法如算法6.3所示。

【算法6.3】

```
void preorder(BTree p)
{
    initstack(s);                          //初始化堆栈 s 为空
    push(s,p);                             //将根结点 p 压入栈
    while (!stackempty(s))                 //堆栈不空时才对栈中结点进行访问
    {
        p = pop(s);                        //弹出当前层根结点供访问
        if (p!=NULL)
        {
            visit(p);
            push(s,p->rchild);             //当前层根结点的右子树根结点入栈
            push(s,p->lchild);             //当前层根结点的左子树根结点入栈
        }
    }                                      //preorder
```

对于图6.11所示的二叉树，执行先根遍历非递归算法的过程中，堆栈s的变化如图6.18所示。

2. 中根遍历

中根遍历递归的思路与先根遍历十分相似，它是在遍历左子树和遍历右子树之间完成对根的访问，因此，中根遍历二叉树的操作可以递归的定义为

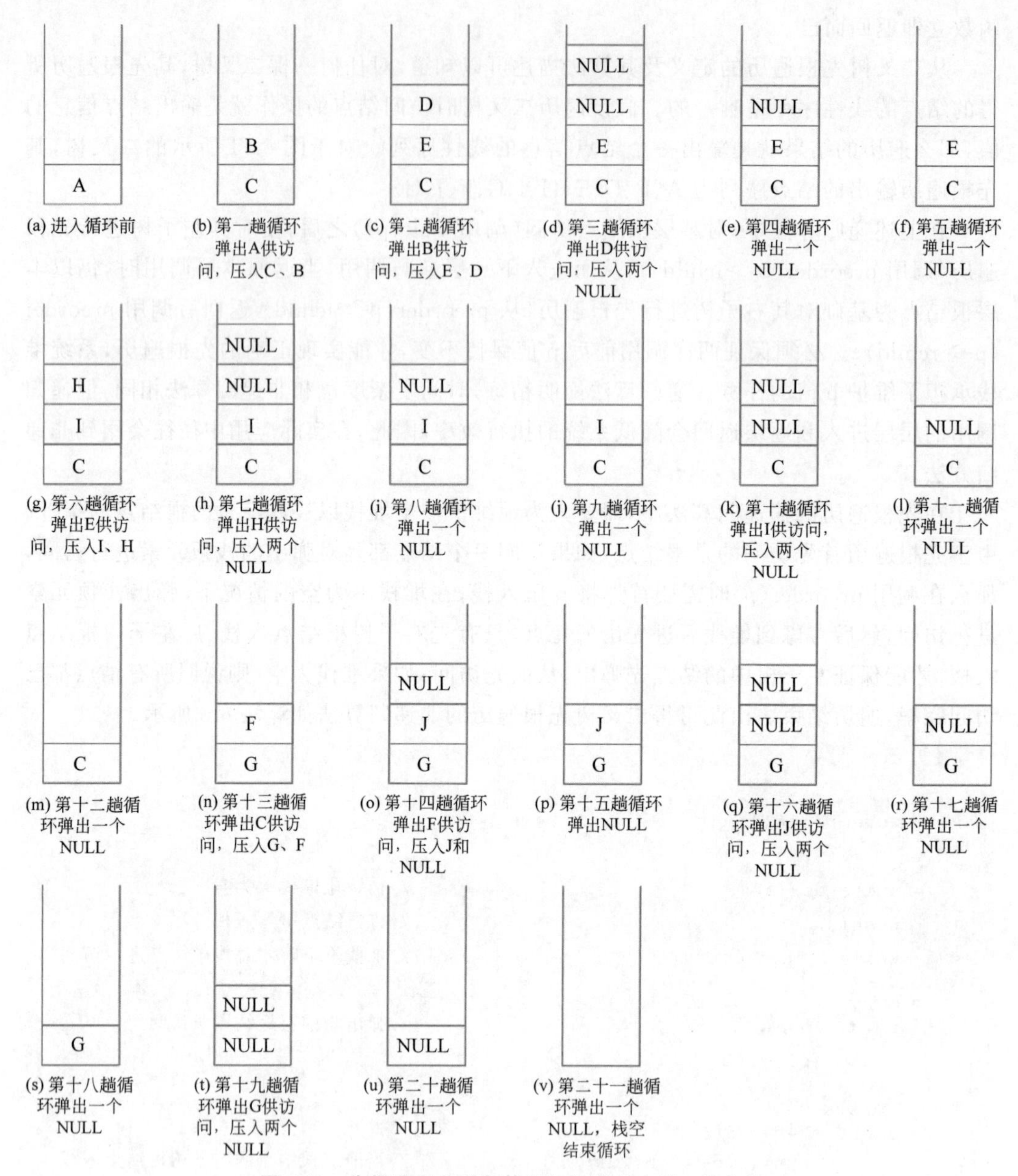

图 6.18 先根遍历非递归算法执行过程中栈 s 的变化

如果根不空，则

(1) 按中根顺序遍历左子树；

(2) 访问根结点；

(3) 按中根顺序遍历右子树；

否则返回。

由此可得中根遍历的算法如算法 6.4 所示。

【算法 6.4】

```
void inorder(BTree p)
{
    if (p!=NULL)
    {
        inorder(p->lchild);                    //按中根顺序遍历左子树
        visit(p);                              //访问根结点
        inorder(p->rchild);                    //按中根顺序遍历右子树
    }
}                                              //inorder
```

仿照前面先根遍历的例子，读者可自行画出对图 6.11 所示的二叉树进行中根遍历递归调用的执行过程示意图。

同样，由二叉树中根遍历的定义及其算法描述可以知道，对任何一棵二叉树，其中根遍历所得的结点的线性序列是唯一的。若假设遍历二叉树时访问结点的操作就是输出结点信息的值，那么对于图 6.11 所示的二叉树，其中根遍历输出的结点序列为 D、B、H、E、I、A、F、J、C、G。

在中根遍历的递归算法中，只要某层根结点不空，就要先对其左子树进行中根遍历（调用 inorder(p->lchild)），从而进入下一层递归调用，此过程一直重复到某层根结点为空时，返回上一层，并在对该层根结点进行访问之后仍以该层根结点为基础对其右子树进行中根遍历（visit(p)之后调用 inorder(p->rchild)）。

在中根遍历的非递归算法中，同样需要人为地维护一个堆栈以存放经过的根结点的指针。在堆栈为空且当前结点为空时，说明已没有要遍历的结点，遍历结束；如果当前结点不空，则结点入栈，将当前结点更新为其左子树的根结点，此过程将一直重复到当前结点为空为止，显然这个过程可以采用循环实现；如果当前结点为空但堆栈不空，对空子树的中根遍历无须任何操作，直接弹出上一层根结点进行访问，并将当前结点更新为上一层根结点的右子树的根结点，转入进行右子树的遍历。由此可得二叉树中根遍历的非递归算法如算法 6.5 所示。

【算法 6.5】

```
void inorder(BTree p)
{
  initstack(s);                              //初始化堆栈 s 为空
  do
  {
    while (p!=NULL)                          //结点不空时,先中根遍历其左子树
    {
      push(s,p);
      p = p->lchild;
    }
```

```
    if(!stackempty(s))                          //结点为空但堆栈不空时
    {
      p = pop(s);                               //弹出根结点供访问
      visit(p);
      p = p->rchild;                            //中根遍历其右子树
    }
  }while(p || !stackempty(s))
}                                               //inorder
```

仿照先根遍历非递归调用执行的样子，读者可自行画出对图 6.11 所示的二叉树执行中根遍历非递归算法调用过程中栈 s 变化的示意图。

3. 后根遍历

后根遍历与先根遍历的不同仅在于它是在遍历左子树、右子树之后才访问根结点的，因此，后根遍历二叉树的操作可以递归地定义为：

如果根不空，则

(1) 按后根顺序遍历左子树；

(2) 按后根顺序遍历右子树；

(3) 访问根结点；

否则返回。

由此可得后根遍历的算法如算法 6.6 所示。

【算法 6.6】

```
void postorder(BTree p)
{
  if (p!=NULL)
  {
    postorder(p->lchild);                       //按后根顺序遍历左子树
    postorder(p->rchild);                       //按后根顺序遍历右子树
    visit(p);                                   //访问根结点
  }
}                                               //postorder
```

仿照前面先根遍历的例子，读者可自行画出对图 6.11 所示的二叉树执行后根遍历递归调用的过程示意图。

同样，从二叉树后根遍历的定义及其算法描述可以知道，对任何一棵二叉树，其后根遍历所得的结点的线性序列是唯一的。若假设遍历二叉树时访问结点的操作就是输出结点信息的值，那么对于图 6.11 所示的二叉树，其后根遍历输出的结点序列为 D、H、I、E、B、J、F、G、C。

在后根遍历的递归算法中，只要某层根结点不空，就要先对其左子树进行后根遍历(调用 postorder(p->lchild))，从而进入下一层递归调用，此过程一直重复到某层根结点为空时，返回上一层，然后以该层根结点为基础对其右子树进行后根遍历(postorder(p->

lchild)之后调用 postorder(p->rchild)),只有右子树遍历结束,才对根结点进行访问。

根据对后根遍历递归算法的分析,参考先根遍历和中根遍历非递归算法的设计思路,读者可以思考后根遍历非递归算法的设计。

从前面介绍的二叉树的几种遍历操作可知,对于任何一棵二叉树,其先根遍历、中根遍历、后根遍历所得的结点序列都是唯一的。那么由二叉树的先根遍历所得的结点序列能否唯一确定二叉树的树状结构呢?显然,先根遍历结点序列的第一个结点必然是根结点,但是此后的若干结点如何区分?哪些位于左子树?哪些位于右子树?我们无法做出判断,因此仅由先根遍历所得的结点序列是无法确定二叉树的树状结构的。如果除了先根遍历的结点序列外,还有中根遍历的结点序列,由先根遍历的第一个结点(根结点)在中根遍历结点序列中的位置,可以将中根遍历的结点序列分为左右两部分,由中根遍历的方式可知,中根遍历结点序里中根结点前面的结点必然是左子树中的结点,根结点后面的结点必然是右子树中的结点,从而该二叉树的根结点及其左右子树中的结点都已确定。这一过程递归地进行下去,可逐层确定二叉树的树状结构。

【例 6.1】 已知某二叉树的先根遍历结点序列为 A、B、C、D、E,中根遍历结点序列为 B、A、D、C、E,求这棵二叉树。

分析如下,先根遍历结点序列的第一个结点 A 为根结点,A 结点将中根遍历结点序列分为 B 和 D、C、E 两部分,因此 A 的左子树仅有一个结点 B,而右子树有结点 C、D、E;由先根遍历结点序列中的右子树部分可知,C 为右子树的根结点,C 结点又将右子树的中根遍历结点序列分为 D 和 E 两部分,因此 D 是 C 的左孩子,E 是 C 的右孩子,从而得到整个二叉树的树状结构,如图 6.19 所示。

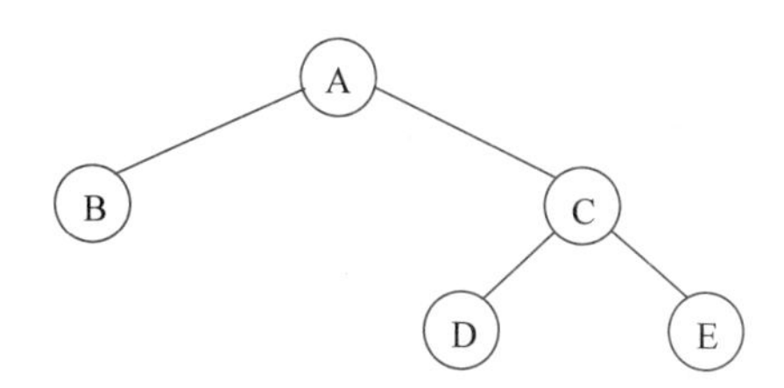

图 6.19　由先根遍历和中根遍历还原二叉树

因此,由二叉树的先根遍历结点序列和中根遍历结点序列可确定二叉树的树状结构;同理,由二叉树的后根遍历结点序列和中根遍历结点序列也可确定二叉树的树状结构,读者可仿照前面的例子得到确定二叉树树状结构的递归步骤。那么,由二叉树的先根遍历结点序列和后根遍历结点序列能否确定二叉树的树状结构呢?请读者自行思考。

4. 层序遍历

二叉树的层序遍历是指按层次依次访问同一层的结点,具体做法是:首先访问处于第一层的根结点,然后从左到右依次访问处于第二层的全部结点,再从左到右依次访问第三层的全部结点,以此类推,最后从左到右依次访问最下层的全部结点。可以利用队列实现二叉树的层序遍历:最初队列中只有根结点;取出队首结点进行访问,并把该结点的左孩子和右孩子依次入队;重复上述过程直至队列为空。由此可得二叉树的层序遍历算法如算法 6.7 所示。

【算法 6.7】

```
void levelorder(BTree p)
{
  initqueue(q);                                    //初始化队列 q 为空
  enqueue(q,p);                                    //将根结点 p 入队
  while( !queueempty(q))
  {
    p = dequeue(q);
    visit(p);
  if(p->lchild!=NULL) enqueue(p->lchild);
  if(p->rchild!=NULL) enqueue(p->rchild);
  }
}                                                  //levelorder
```

若假设遍历二叉树时访问结点的操作就是输出结点信息的值，那么对于图 6.11 所示的二叉树，其层序遍历输出的结点序列为 A、B、C、D、E、F、G、H、I、J。执行层序遍历算法的过程中队列 q 的变化如图 6.20 所示。

遍历二叉树的算法中的基本操作是访问结点，由于每个结点都被访问且仅被访问一次，所以不论按哪一种次序进行遍历，对含 n 个结点的二叉树，遍历算法的时间复杂度均为 O(n)。所需的辅助空间是堆栈或者队列的容量，由于堆栈或队列的容量不会超过树中结点的数量，所以其空间复杂度也为 O(n)。

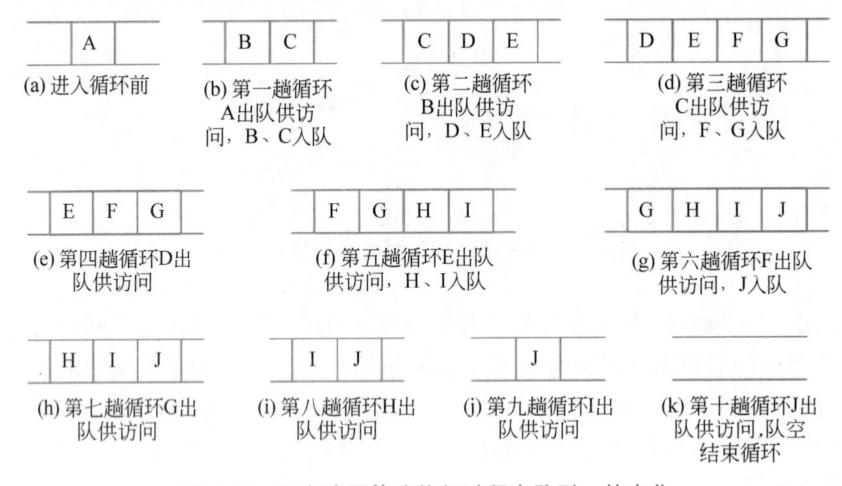

图 6.20 层序遍历算法执行过程中队列 q 的变化

【例 6.2】 已知一棵二叉树如图 6.21 所示，请分别写出先根、中根、后根和层次遍历时得到的结点序列。

先根遍历序列为：ABDGCEFH

中根遍历序列为：DGBAECHF

后根遍历序列为：GDBEHFCA

层次遍历序列为：ABCDEFGH

【例 6.3】 二叉树的遍历对计算机求解算术表达式有很大的作用，可以将算式 a+b×c−d 表示成图 6.22 所示的二叉树形式。对此二叉树进行先根、中根、后根遍历时，便可获得表达式的前缀（+a−×bcd）、中缀（a+b×c−d）和后缀（abc×d−+）的书写形式。其中，中缀形式是算术表达式的通常形式。前缀表达式称为波兰表达式，后缀表达式称为逆波兰表达式。在计算机内，使用后缀表达式易于求值。

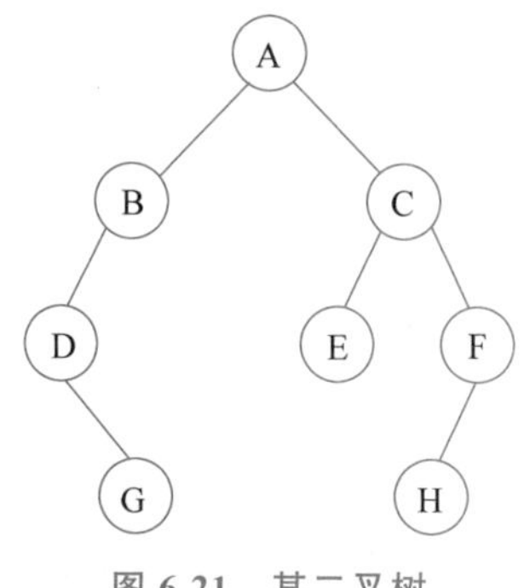

图 6.21　某二叉树

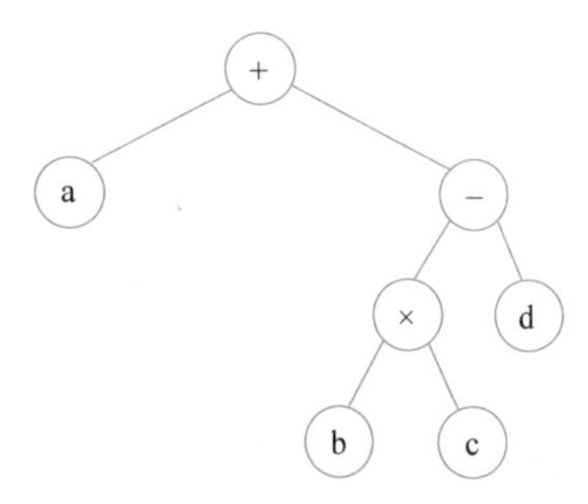

图 6.22　二叉树表示的表达式

6.3.2　遍历算法的应用举例

二叉树遍历算法的思想为实现二叉树的基本操作和其他实际问题提供了框架和思路，只需要把"访问"操作由输出结点信息的值扩展为对结点的判别、计数等其他操作，就可以解决一些关于二叉树的问题。这里仍采用二叉链表作为二叉树的存储结构。

1. 创建二叉树

给定一棵二叉树，可以得到它的遍历序列；反过来，如果已知一棵二叉树的遍历序列，也可以创建该二叉树的二叉链表表示。在通常的遍历序列中，均忽略空子树，但是按照遍历序列创建二叉链表表示时，必须用特定的元素表示空子树。

算法 6.8 按照先根遍历的方式创建二叉链表表示，其中，用∧表示空子树。对于图 6.19 所示的二叉树，含有空子树信息的先根遍历序列为 A、B、∧、∧、C、D、∧、∧、E、∧、∧。

【算法 6.8】

```
void preCreateBTree(BTree &BT)
{
    char data = getchar();                  //getchar 用于从先根遍历序列依次读取数据
    if(data == ∧)     BT = NULL;
    else
    {
        BT = (BTree)malloc(sizeof(Bnode));
        BT->data = data;
        preCreateBTree (BT->lchild);
        preCreateBTree (BT->rchild);
```

```
    }
}                                                    //preCreateBTree
```

2. 求二叉树的高度

二叉树的高度可以递归的定义为

```
Height(BT)=max(Height(LeftChild),Height(RightChild))+1                 (6.3)
```

根据上述定义,求二叉树高度的操作如算法 6.9 所示。

【算法 6.9】

```
void BTreeHeight(BTree BT)
{
  if (BT! = NULL)
  {
    i = BTreeHeight(BT->lchild);                //后根遍历左子树求左子树高度
    j = BTreeHeight(BT->rchild);                //后根遍历右子树求右子树高度
    if (i<j)
      return j + 1;
    else
      return i + 1;
  }
  return 0;
}                                               //BTreeHeight
```

由二叉树高度的定义,必须先求得左子树的高度和右子树的高度,才能求得原二叉树的高度,因此算法显然需要利用后根遍历二叉树的思路,只是这里的"访问"稍微复杂了一些,"访问"就是根据左、右子树的高度计算二叉树的高度。BTreeHeight 的返回值就是二叉树的高度。对于图 6.11 中的二叉树,调用 BTreeHeight 结束后可得该二叉树的高度为 4。

3. 结点数统计

由于二叉树遍历是以某种顺序访问二叉树中的每个结点一次且仅访问一次,因此这给二叉树中结点个数的统计提供了极大的方便,在任何一种遍历方式中,只需要设置一个全局计数器 m,它的初始值为 0,每次对结点的访问就是计数器 m 的递增,m 的最终值就是二叉树中结点的总数。同理,设置另一个全局计数器 n0,初始值也为 0,每次对结点访问时,检查该结点是否为叶子结点(左、右子树为空),若是,则递增计数器 n0,n0 的最终值就是二叉树中叶子结点的个数。

根据上述分析,借鉴中根遍历的思想,统计二叉树中结点总数 m 和叶子结点个数 n0 的操作如算法 6.10 所示。

【算法 6.10】

```
void inCount(BTree BT)
{
```

```
    if (BT != NULL)
    {
        inCount(BT->lchild);                    //中根遍历左子树进行结点和叶子结点计数
        m++;                                    //结点计数
        if ((BT->lchild ==NULL) && (BT->rchild==NULL)) n0++;    //叶子结点计数
        inCount(BT->rchild);                    //中根遍历右子树进行结点和叶子结点计数
    }
}                                               //inCount
```

注意：该函数中的m、n0是全局变量，在调用inCount函数前必须先置为0，才能保证调用inCount函数结束后，m值是结点总数，n0值是叶子结点的个数。对于图6.11中的二叉树，调用inCount函数结束后，m的值为10，n0的值为5。

当然，由前所述，完全可以用先根或后根遍历的方法统计结点个数。读者可仿照中根遍历统计结点个数的例子，自行设计相应算法。

4. 在二叉树中寻找元素

在二叉树寻找指定元素，可以用任何一种遍历方式访问每一个结点，检查该结点的信息值是否为指定元素的值。但是，如果根结点信息值就是指定元素，则先根遍历的方式显然能比中根遍历和后根遍历方式更快地找到指定元素。因此，这里采用先根遍历的思想寻找指定元素，其操作如算法6.11所示。

【算法6.11】

```
BTree preFind(BTree p,ElemenType item)
{
  if (p!=NULL)
  {
    if (p->data == item) return p;                      //先进行根结点信息值的比较
    if ((q = preFind(p->lchild)) != NULL) return q;     //按先根遍历在左子树中查找
    if ((q = preFind(p->rchild)) != NULL) return q;     //按先根遍历在右子树中查找
    return NULL ;
  }
  else
  return NULL ;
}                                                       //preFind
```

5. 二叉树左右子树交换

要将一棵二叉树中的左子树与右子树交换，可以采用后序遍历的递归算法实现，其操作如算法6.12所示。

【算法6.12】

```
void exchange(BTree bt)
{ BTree p;
```

```
    if(bt!=NULL)
    {
      exchange(bt->lchild);
      exchange(bt->rchild);
      p=bt->lchild;
      bt->lchild=bt->rchild;
      bt->rchild=p;
    }
  }
```

【例 6.4】 设计一个程序,由给定的二叉树先根序列建立其二叉链表存储结构,并求出二叉树的中根遍历序列和后根遍历序列。

解题思路:首先定义二叉链表表示的二叉树类型,然后设计按先根序列创建二叉链表、二叉树的中根和后根遍历算法,最后在主函数中调用实现。完整的代码如下。

```
#include<iostream>
#include<stdio.h>
#include<malloc.h>
#include<iomanip>
using namespace std;
typedef char ElemType;
typedef struct Bnode
{
    ElemType data;
    struct Bnode * LChild, * RChild;
} BNode, * BTree;
void InitList(BTree& BT)
{
    BT = NULL;
}
void preCreateBTree(BTree& BT)
{
    char data;
    data = getchar();
    if (data == '#')     BT = NULL;
    else
    {
        BT = (BTree)malloc(sizeof(Bnode));
        BT->data = data;
        preCreateBTree(BT->LChild);
        preCreateBTree(BT->RChild);
    }
```

```
}
void PreOrder(BTree bt)
{
    if (bt != NULL)
    {
        cout << bt->data << setw(3);
        PreOrder(bt->LChild);
        PreOrder(bt->RChild);
    }
}
void InOrder(BTree bt)
{
    if (bt != NULL)
    {
        InOrder(bt->LChild);
        cout << bt->data << setw(3);
        InOrder(bt->RChild);
    }
}
void PostOrder(BTree bt)
{
    if (bt != NULL)
    {
        PostOrder(bt->LChild);
        PostOrder(bt->RChild);
        cout << bt->data << setw(3);
    }
}
int main()
{
    BTree bt;
    cout << "初始化二叉树" << endl;
    InitList(bt);
    cout << "输入给定的二叉树先序序列:" << endl;
    preCreateBTree(bt);
    cout << "给定的二叉树先序序列为:" << endl;
    PreOrder(bt);
    cout << endl;
    cout << "二叉树的中序序列为" << endl;
    InOrder(bt);
    cout << endl;
    cout << "二叉树的后序序列为" << endl;
    PostOrder(bt);
```

```
    cout << endl;
    system("pause");
}
```

程序运行结果如下。

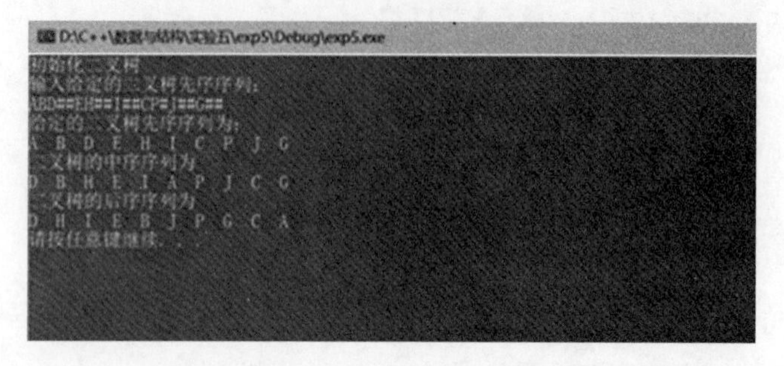

【例 6.5】 假设二叉树采用二叉链表存储结构，编写一个算法，求出二叉树中的叶子结点数，并设计主函数调用上述算法。

解题思路：首先定义二叉链表表示的二叉树类型，然后设计按先根序列创建二叉链表、求二叉树中的叶子结点数算法，最后在主函数中调用实现。完整的代码如下。

```
#include<iostream>
#include<stdio.h>
#include<malloc.h>
using namespace std;
typedef char ElemType;
typedef struct Bnode
{
    ElemType data;
    struct Bnode * LChild, * RChild;
} BNode, * BTree;
void InitList(BTree& BT)
{
    BT = NULL;
}
void preCreateBTree(BTree& BT)
{
    char data;
    data = getchar();
    if (data == '#')     BT = NULL;
    else
    {
        BT = (BTree)malloc(sizeof(Bnode));
        BT->data = data;
        preCreateBTree(BT->LChild);
        preCreateBTree(BT->RChild);
```

```
    }
}
int LeafCount(BTree bt)
{
    int num1, num2;
    if (bt == NULL) return 0;
    else if (bt->LChild == NULL && bt->RChild == NULL)
        return 1;
    else
    {
        num1 = LeafCount(bt->LChild);
        num2 = LeafCount(bt->RChild);
        return(num1 + num2);
    }
}

int main()
{
    BTree bt;
    cout << "初始化二叉树" << endl;
    InitList(bt);
    cout << "输入给定的二叉树先序序列" << endl;
    preCreateBTree(bt);
    cout << endl;
    cout << "二叉树的叶子结点数为" << endl;
    cout << LeafCount(bt) << "个" << endl;
    system("pause");
}
```

程序运行结果如下。

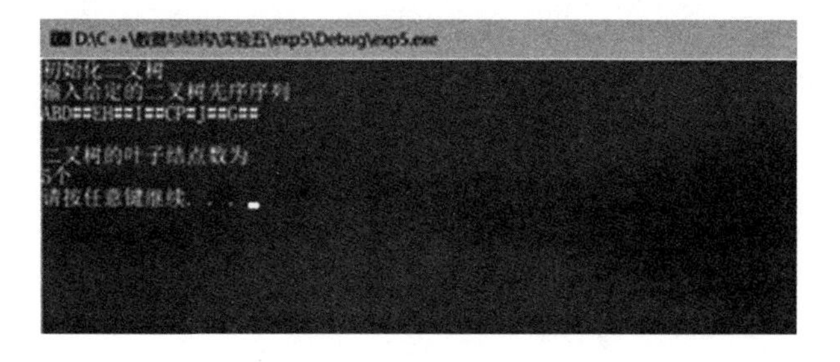

6.4　森林与二叉树的转换

树和森林都可以转换为二叉树，二叉树也可转换为唯一的树或森林，下面分别介绍。

6.4.1　森林转换为二叉树

由于森林是若干互不相交的树的集合，要介绍森林到二叉树的转换，首先要介绍树到二叉树的转换。由于树的孩子兄弟表示也是一种二叉表示,从物理结构来看,它和二叉树的二叉链表表示没有本质的区别,只是对结点指针域的解释不同而已。因此,以这种二叉表示作为中介,任何一棵树都可以转换为唯一的一棵二叉树。例如,图 6.1 中树的孩子兄弟表示如图 6.8 所示,而图 6.8 也可以解释为图 6.23 所示的二叉树。

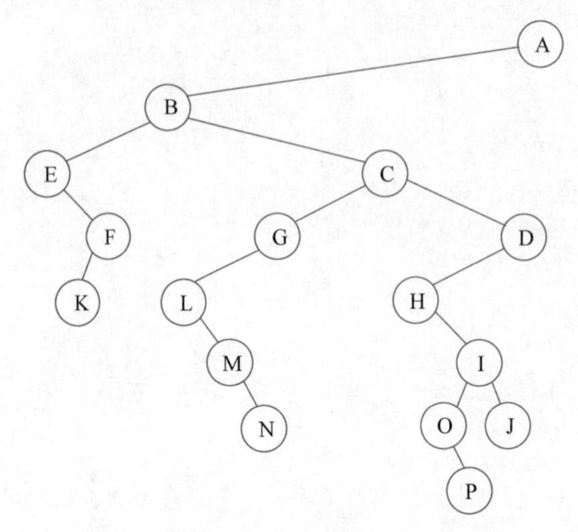

图 6.23 由图 6.1 中树转换得到的二叉树

比较图 6.1 和图 6.23,可以得到树转换为二叉树的基本步骤如下。

(1) 加线:在各兄弟结点之间用虚线相连。可理解为每个结点的兄弟指针指向它的下一个兄弟。

(2) 抹线:对每个结点仅保留其与其第一个孩子的连线,抹去该结点与其他孩子之间的连线。可理解为每个结点仅有一个孩子指针,让它指向自己的第一个孩子。

(3) 旋转:把虚线改为实线,并从水平方向向下旋转为右斜下方向。原树中实线成左斜下方向,这样树的形状就呈现出一棵二叉树。

图 6.24(a)给出了图 6.1 加线后的效果,图 6.24(b)给出了图 6.24(a)抹线后的效果,旋转后得到的就是图 6.23。

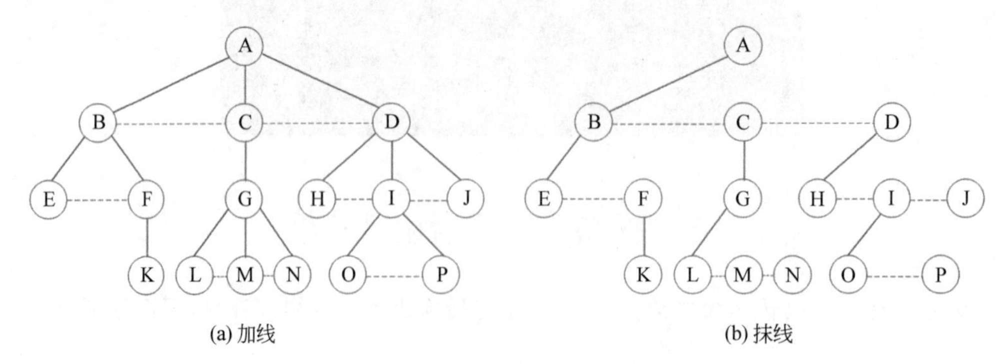

图 6.24 由树转换为二叉树

由此可见,由树转换为相应的二叉树,因为根结点只可能有若干孩子,而不可能有下一个兄弟，所以转换得到的二叉树的根结点必定没有右子树。

但对于森林就不一样了，森林是若干互不相交的树的集合，如果将森林中的树排成一个序列，将森林中的第 i+1 棵树的根结点视为第 i 棵树的根结点的下一个兄弟，则可得到森林的孩子兄弟表示。因此，森林转换为二叉树的基本步骤仍是加线、抹线和旋转三步，稍有不同的是，第一步的加线除了在每棵树内部的各兄弟结点间加线外，还要在各棵树的根结点间加线。图 6.25 是将一个森林转换为一棵二叉树的示例。

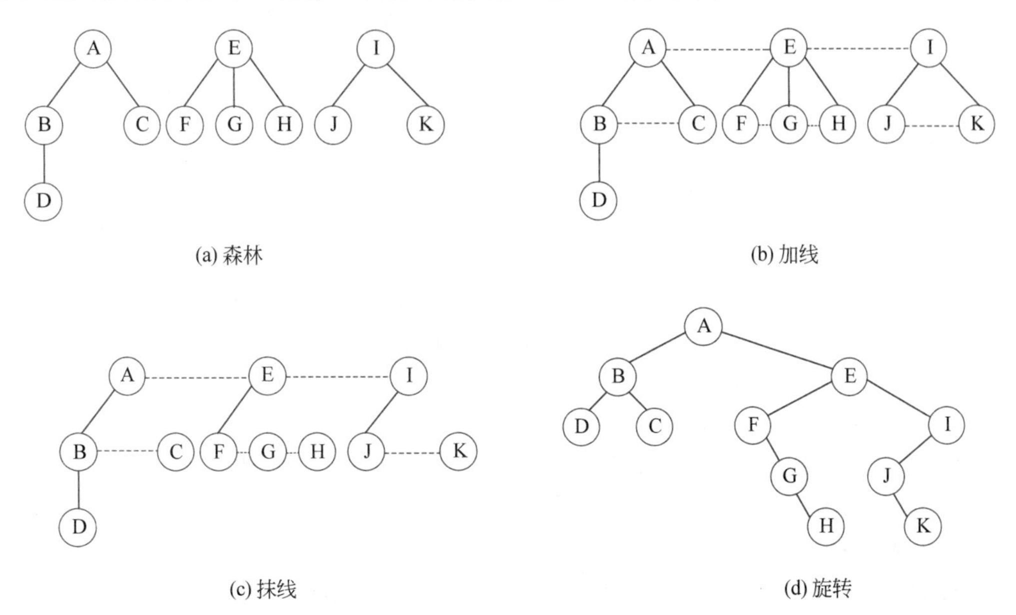

图 6.25　森林转换为二叉树

6.4.2　二叉树转换为森林

树和森林都可以转换为二叉树，二者唯一的不同是：树转换成的二叉树，其根结点没有右子树；而森林转换成的二叉树，其根结点有右子树。根据二叉树的根结点有无右子树，可将二叉树转换为唯一的树或森林，转换的过程其实就是森林或树转换为二叉树过程的逆过程。

（1）加线：若某结点是其双亲的左孩子，则将该结点的右孩子、右孩子的右孩子等连续地沿着右孩子不断向右搜索到所有右孩子，都分别与该结点的双亲结点用虚线连接。这里的右孩子其实是该结点的兄弟，都是它们双亲的孩子。

（2）抹线：把原二叉树中所有双亲结点与其右孩子的连线抹去。这里抹去的连线是兄弟关系，包括森林中各树根结点之间的兄弟关系。

（3）整理：把虚线改为实线，把结点按层次排列。

图 6.26 是将一棵二叉树转换为一个森林的示例。

6.4.3　树的遍历

与二叉树类似，树也有先根遍历、中根遍历、后根遍历和层序遍历等方式。

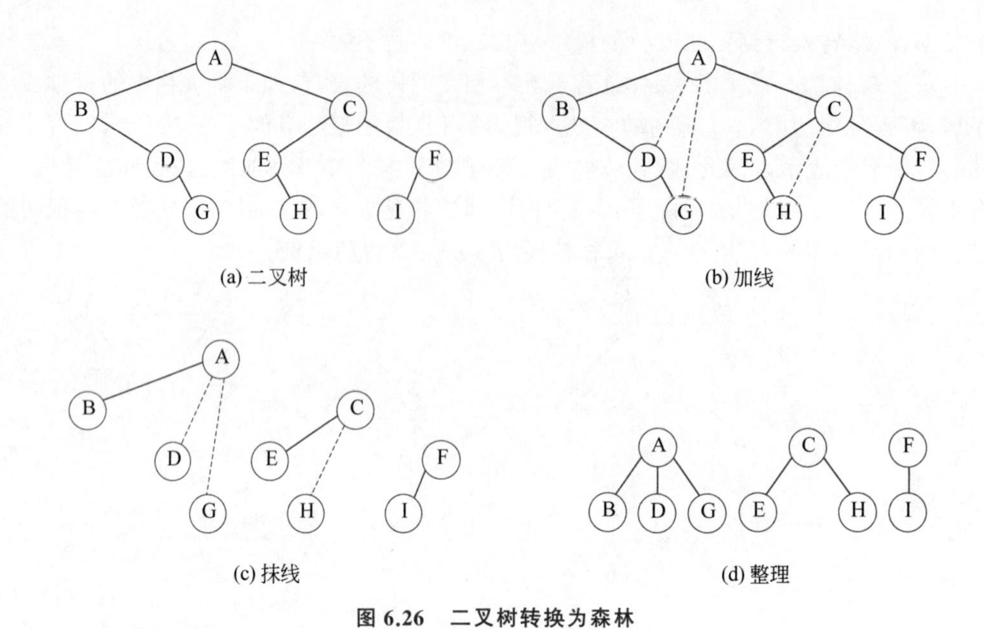

图 6.26 二叉树转换为森林

1. 先根遍历

树的先根遍历操作递归的定义为：

如果根不空，则

(1) 访问根结点；

(2) 按先根顺序遍历根的第一棵子树、第二棵子树直至最后一棵子树；

否则返回。

对于图 6.1 中的树，对其进行先根遍历得到的结点序列为 A，B，E，F，K，C，G，L，M，N，D，H，I，O，P，J。显然，树的先根遍历就是转换得到的二叉树的先根遍历。因此，若采用树的孩子兄弟表示法，则树的先根遍历可借用二叉树的先根遍历算法实现。

2. 中根遍历

树的中根遍历操作递归的定义为：

如果根不空，则

(1) 按中根顺序遍历根的第一棵子树；

(2) 访问根结点；

(3) 按中根顺序遍历根的第二棵子树、第三棵子树直至最后一棵子树；

否则返回。

对于图 6.1 中的树，对其进行中根遍历得到的结点序列为 E，B，K，F，A，L，G，M，N，C，H，D，O，I，P，J。显然，它不同于转换得到的二叉树的任何一种遍历。

读者可采用树的孩子兄弟表示法，自行设计树的中根遍历算法。

3. 后根遍历

树的后根遍历操作递归的定义为：

如果根不空，则

(1) 按中根顺序遍历根的第一棵子树、第二棵子树直至最后一棵子树;

(2) 访问根结点;

否则返回。

对于图 6.1 中的树,其后根遍历得到的结点序列为 E,K,F,B,L,M,N,G,C,H,O,P,I,J,D,A。经比较,树的后根遍历就是转换得到的二叉树的中根遍历。因此,若采用树的孩子兄弟表示法,则树的后根遍历可借用二叉树的中根遍历算法实现。

4. 层序遍历

树的层序遍历类似于二叉树的层序遍历,都是指按层次依次访问同一层的结点。因此,可以仿照二叉树的层序遍历利用队列实现。

对于图 6.1 中的树,其层序遍历得到的结点序列为 A,B,C,D,E,F,G,H,I,J,K,L,M,N,O,P。显然,树的层序遍历与转换得到的二叉树的层序遍历之间没有对应关系。

6.5 哈夫曼树及其应用

哈夫曼树(Huffman)又称最优二叉树,它在编码等多个领域有着重要的应用。

6.5.1 哈夫曼树

如果 $n_1, n_2, \cdots, n_k$ 是一棵树中的结点序列,其中 n_i 是 $n_{i+1}(1 \leqslant i \leqslant k-1)$ 的双亲,则该序列称为从 n_1 到 n_k 的一条**路径**。一条**路径的长度**是该路径上结点的个数减 1。**树的路径长度**是从根结点到每个结点的路径长度之和。

在实际的应用中,人们常常给树的每个结点赋予一个具有某种实际意义的值,称该值为这个结点的权。在树中,把从根结点到某一结点的路径长度与该结点的权的乘积叫作该结点的**带权路径长度**。

设一棵二叉树有 n 个叶子结点,每个叶子结点拥有的权值分别为 $w_1, w_2, \cdots, w_n$,从根结点到每个叶子结点的路径长度分别为 $l_1, l_2, \cdots, l_n$,那么**树的带权路径长度**(WPL)为每个叶子的路径长度与该叶子权值乘积之和,通常记作

$$WPL = \sum_{k=1}^{n} w_i \cdot l_i$$

对于图 6.27 中的 4 棵二叉树,由式(6.3)分别计算它们的带权路径长度如下:

(a) WPL=2×2+4×2+5×2+7×2=36

(b) WPL=7×3+5×3+4×2+2×1=46

(c) WPL=2×2+4×3+5×3+7×1=38

(d) WPL=2×3+4×3+5×2+7×1=35

由上面的计算可以看到,对于一组具有确定权值的叶子结点,可以构造出多棵具有不同带权路径长度的二叉树,其中具有最小带权路径长度的二叉树称为**哈夫曼树**。可以证明,图 6.25(d)所示的二叉树是一棵哈夫曼树。

6.5.2 哈夫曼算法

根据哈夫曼树的定义,一棵二叉树要使其带权路径长度 WPL 值最小,必须使权值越

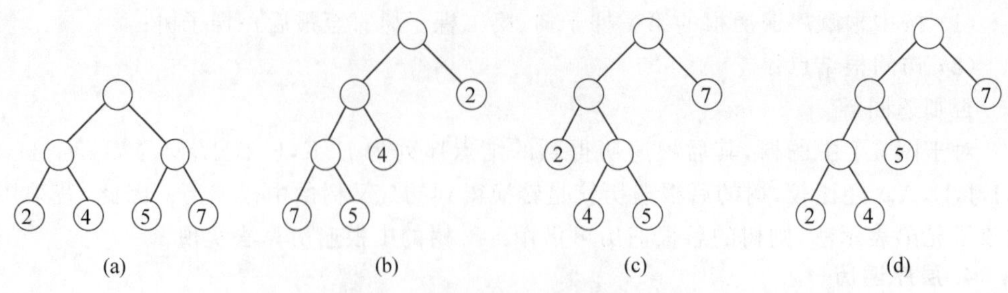

图 6.27 具有相同叶结点的二叉树

大的叶结点越靠近根结点。若已知 n 个权值分别为 w_1、w_2、…、w_n 的结点，哈夫曼提出的构造以这 n 个结点为叶子结点的哈夫曼树的算法如下。

(1) 把这 n 个叶子结点看作 n 棵仅有根结点的二叉树组成的二叉树森林。

(2) 在二叉树森林中选择权值最小的两棵二叉树，以这两棵二叉树作为左右子树构造一棵新的二叉树，新二叉树的根结点权值为左右子树根结点权值之和，从森林中删除选择的这两棵子树，同时把新二叉树加入森林，这时森林中还有 n－1 棵二叉树。

(3) 重复第(2)步，直到森林中只有一棵二叉树为止，此树就是哈夫曼树。

需要注意的是，步骤(2)每次选择的权值最小的二叉树可能不唯一(可能出现最小权值相同的多棵二叉树的情形)，此时只需任取其中最小的两棵二叉树构造新的二叉树，不会对得到的森林的各二叉树根结点的权值产生影响。另外，每次选择的两棵二叉树，哪个作为左子树、哪个作为右子树构造新的二叉树并没有任何限制，因为怎样安排都不会对新二叉树根结点的权值产生影响。所以，按照上述算法得到的哈夫曼树可能有多种树状，但是该树的带权路径长度的值是唯一的。为保证算法的确定性，可以规定取权值较小的作为左子树，权值较大的作为右子树。

显然，上述过程从 n 棵二叉树组成的森林开始，每次进行步骤(2)，森林中就减少一棵二叉树(删除两棵二叉树，增加一棵二叉树)，因此，步骤(2)重复 n－1 次后必然只剩下一棵二叉树。

【例 6.6】 图 6.28 中的 4 个叶子结点的权值分别为 2、4、5、7，请给出哈夫曼树的具体构造过程。

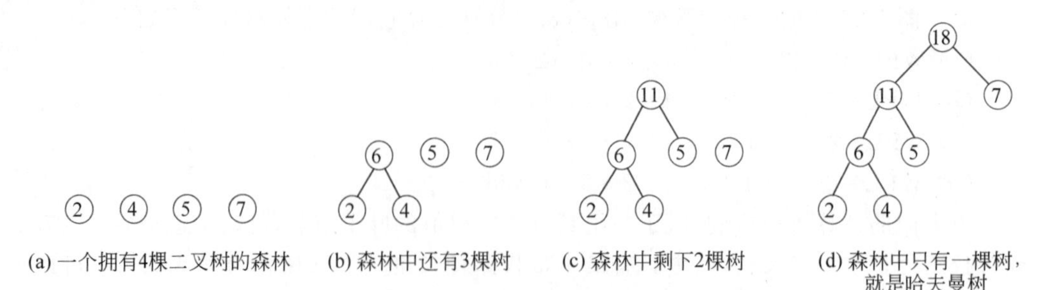

(a) 一个拥有4棵二叉树的森林
(b) 森林中还有3棵树
(c) 森林中剩下2棵树
(d) 森林中只有一棵树，
就是哈夫曼树

图 6.28 哈夫曼树的构造过程

由哈夫曼树算法，每次必然选出两棵二叉树构造新的二叉树，因此，哈夫曼树中没有度为 1 的结点，度为 1 的结点个数 n1=0，结点总数为叶子结点的个数 n 与度为 2 的结点个数 n2 之和为 n+n2。又由二叉树性质 3，n=n2+1，因此结点总数又可表示为 2n−1。由于构造哈夫曼树所给定的初始值是 n 个叶子结点的权值，如果采用顺序存储结构存储哈夫曼树，则需要占用 2n−1 个结点大小的存储空间。对于每个结点，记录它的权值、左右孩子的下标，以及该结点是否已并入哈夫曼树中的一个标记，因此，假设结点个数最多为 10，则存储结构描述如下。

```
#define MAXSIZE 10                          //结点的个数最多为 10
typedef struct
{
  int data;                                 //权值域
  int lchild,rchild;                        //左、右孩子结点在数组中的下标
  int tag;                                  //tag=0 结点独立;tag=1 结点已并入树中
} Nodeh;
Nodeh H[MAXSIZE];
```

采用上述存储结构实现哈夫曼算法，如算法 6.13 所示。

【算法 6.13】

```
void huffman (r[ ],n)                              //输入为 n 个叶子结点的权值
{
  for(i=1;i<=n; i++)
  {
    //构建最初 n 棵仅有根结点的二叉树森林
    H[i].tag = 0;H[i].lchild = 0;H[i].rchild = 0;H[i].data = r[i];
  }
  j = 0;
  while (j < n - 1)                                //合并 n-1 次
  {
    FindMin2(H,&x1,&x2,2*n - 1);
    //在 tag=0 的结点中寻找权值最小的下标存于 x1,次小的下标存于 x2
    j++;
    H[x1].tag = 1;H[x2].tag = 1;
    H[n+j].data = H[x1].data + H[x2].data;     //合并子树根结点权值
    H[n+j].tag = 0;H[n+j].lchild = x1;H[n+j].rchild = x2;
  }
}                                                  //huffman
```

在上述哈夫曼算法的实现中，寻找权值最小的两棵二叉树的函数 FindMin2()可以通过依次扫描 H 树组中每个元素的 data 值及其 tag 标记实现，在此不再详细展开。

若将图 6.26(a)中的 4 个权值作为输入，构建最初 4 棵仅有根结点的二叉树森林后，哈夫曼树的存储如表 6.3(a)所示，最终返回的结果如表 6.3(b)所示。

表 6.3 哈夫曼树的存储示意表

(a)初始状态

下标	元素			
	tag	lchild	data	rchild
1	0	0	2	0
2	0	0	4	0
3	0	0	5	0
4	0	0	7	0
5				
6				
7				

(b)最终状态

下标	元素			
	tag	lchild	data	rchild
1	1	0	2	0
2	1	0	4	0
3	1	0	5	0
4	1	0	7	0
5	1	1	6	2
6	1	3	11	5
7	0	4	18	6

6.5.3 哈夫曼编码

哈夫曼算法用于通信中字符的编码方法称为哈夫曼编码。

在数据通信中，多采用的是二进制字符 0 和 1 组成的二进制串，因此需要将传送的文字转换为二进制字符串，这个过程称为编码；反之，将二进制字符串恢复为原始文字的过程称为译码。例如，假设要传送的文字是只由 A、B、C、D 4 种字符组成的字符串 ABACCDA，若对这 4 个字符采用表 6.4 所示的编码方案，则编码后的二进制串为 00 01 00 10 10 11 00，代码长度为 14；反之，若接收方收到的二进制串为 01 10 11 10 00 11 10，则可恢复原始文字为 BCDCADC。

表 6.4 编码方案示例

字　符	编　码	字　符	编　码
A	00	C	10
B	01	D	11

在上述编码方案中，A、B、C、D均被编码为长度为2的二进制字符串，这是一种等长编码，在计算机中存储信息广泛采用的ASCII码(美国信息交换标准码)也是一种等长编码，它用一个字节存储一个字符，用其中的7位表示一个字符，另外一位用作奇偶校验位。采用等长编码对信息进行编码和译码的过程都比较简单，只需要进行一个等长字符串的替换即可。如果编码的字符集中的每个字符的使用频率相等，则等长编码是空间效率最高的编码方法。但在实际应用中，字符集中字符的使用频率常常差别很大。

例如，在典型的英语文献中，各英文字母出现的频率有很大差异。若干字母(如A、B、E、F和G)的使用频率是字母D、I、K和M的使用频率的几十倍。为了提高存储和传输的效率，减少传送的二进制字符串长度，一种直观的想法就是设法让出现次数多的字符的二进制编码短一些，让那些很少出现的字符的二进制编码长一些，也就是采用不等长的编码方案。但是设计不等长的编码必须保证可唯一的译码，这就要求字符集中任一字符的编码都不是另一个字符编码的前缀，这种编码称为前缀编码。

哈夫曼树可用于构造使传送文字的编码长度最短的前缀编码。具体构造方法如下。

设需要编码的字符集为$\{d_1, d_2, \cdots, d_n\}$，各个字符的使用频率集为$\{w_1, w_2, \cdots, w_n\}$，以$d_1, d_2, \cdots, d_n$为叶子结点，以$w_1, w_2, \cdots, w_n$为相应叶子结点的权值构造哈夫曼树，规定从哈夫曼树的每个结点到其左孩子的树枝上标上0，到其右孩子的树枝上标上1，则从根结点到每个叶子结点经过的树枝对应的0和1组成的序列便为该结点对应字符的编码，这样的编码称为哈夫曼编码。

【例6.7】　若字符集为{A,B,C,D}，使用频率集为{0.5,0.3,0.1,0.1}，请用哈夫曼树设计哈夫曼编码。

先构造哈夫曼树，再进行编码，哈夫曼编码为A：1，B：01，C：000，D：001。

假设要传送的文字ABACABDA满足权值假定的频率特性，则经哈夫曼编码后的二进制串为10110001010011，二进制串长为14。如果采用表6.4所示的定长编码方案，则编码后的二进制串为00 01 00 10 00 01 11 00，二进制串长为16。显然，采用哈夫曼编码方案的编码长度更短。

可以看到，在哈夫曼编码方案中，字符不同，对应的叶子结点也不同，从根结点到该叶子结点的路径也不同，任何一个到达叶子结点的路径都不可能是其他路径的一部分，所以任何字符的编码都不是其他字符编码的前缀部分，字符之间完全可以相互区别。

接下来，利用哈夫曼编码是前缀编码的性质介绍译码的过程。译码时从左至右扫描二进制串，并从哈夫曼树的根结点开始，根据扫描得到的0或者1沿着哈夫曼树的相应树枝移动，直至到达某个叶子结点，此时根据叶子结点的字符信息译出一位原文。然后，回到哈夫曼树的根结点，从二进制串的下一位开始重复上述过程，直至全部二进制字符均已译码完毕(图6.29)。

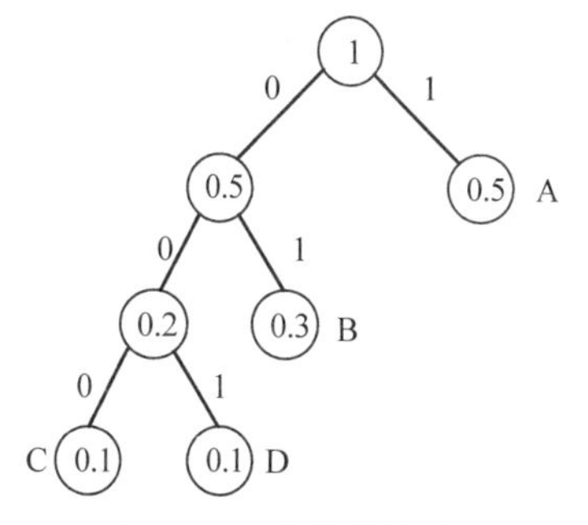

图6.29　哈夫曼编码

【例6.8】　假设接收方收到的二进制串为1010010001，请译出发送方发送的原始文字。

第一个二进制字符是1,则向右子树方向移动,到达结点A,则译出字符A。继续扫描,得到二进制字符0,并从根结点重新匹配,因当前的码位是1,则向左子树方向移动,由于未达到叶子结点,继续扫描,得到下一个二进制字符1,则向右子树方向移动,到达结点B,则译出字符B。以此类推,可译出原始文字为ABDCA。

哈夫曼编码之所以能产生较短的编码结果,是因为哈夫曼树是具有最小带权路径长度的二叉树。利用哈夫曼树的这个性质,将所有字符变成二进制的哈夫曼编码,其带权路径长度必然最小,相当于总的编码长度最短。

6.6 本章小结

树作为一种层次结构,有多种表示方式,包含根、叶子、双亲、孩子、兄弟、祖先、子孙等许多术语,树的各种基本操作多是通过递归算法实现的。

二叉树中每个结点至多有两棵子树,因此结点数目满足良好的数学性质。二叉树简单的层次结构使得先根、中根、后根等遍历操作可以直观地用递归算法实现,也可以基于栈实现上述遍历的非递归算法,而层序遍历则需要基于队列实现。二叉树的重要性还体现在它可以方便地实现同树和森林的转换,从而实现对树和森林的遍历。

哈夫曼算法通过从二叉树森林中选择权值最小的二叉树,有效地实现了最优二叉树的构造过程。而哈夫曼编码则是该算法在编码领域的重要应用,反映了二叉树重要的应用价值。

习 题 6

一、选择题

1. 在一棵具有5层的完全二叉树中,结点数至少为(　　)。

   A. 15　　B. 16　　C. 31　　D. 32

2. 对一棵(　　)进行中序遍历,可得到一个按结点值递增的有序序列。

   A. 二叉树　　B. 二叉排序树　　C. 完全二叉树　　D. 树

二、问答题

1. 对如图6.30所示的树,给出其嵌套集合表示和凹入表示。

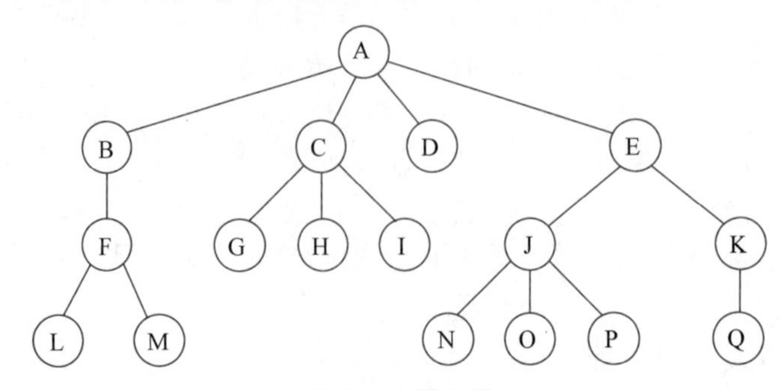

图6.30　题1图

2. 对第1题中的树，指出

(1) 树的根结点和叶子结点。

(2) 结点B的双亲结点和孩子结点。

(3) 结点C的兄弟结点。

(4) 结点E的祖先结点和子孙结点。

(5) 树的度。

(6) 树的第三层中的结点。

(7) 树的高度。

3. 如果一棵树有n1个度为1的结点，n2个度为2的结点……，n_m 个度为m的结点，则该树共有多少个叶子结点？(可参考二叉树性质3的证明方法)

三、应用题

1. 对图6.31所示的二叉树，请写出先根、中根、后根和层序遍历的结点序列。

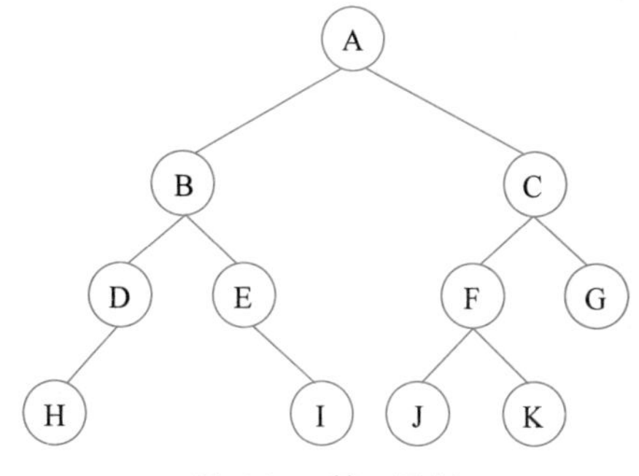

图6.31　某二叉树

2. 已知按先根遍历某二叉树的结果为ABCDEFGHI，中根遍历的结果为BCAEDGHFI，试画出这棵二叉树。

3. 试将表达式((a+b)+c×(d-e))/(b+d)-a转换成前缀表达式和后缀表达式。

4. 试将图6.32所示的森林转换为二叉树。

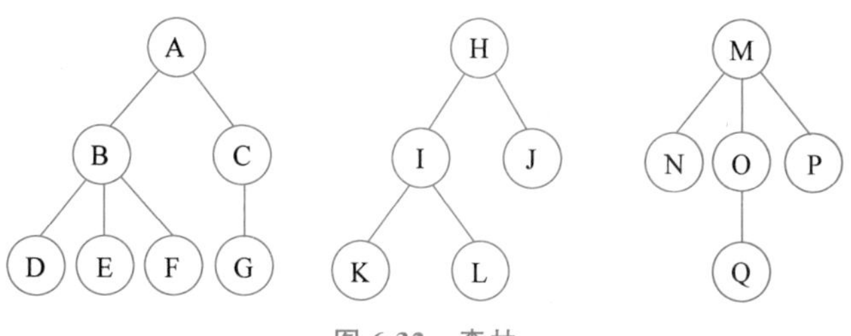

图6.32　森林

5. 试将第1题中的二叉树(如图6.31所示)转换为树或者森林。

6. 给定一组叶子结点的权值分别为3、5、7、9、11，请画出哈夫曼树的构造过程及最后结果。

7. 假设字符集{a,b,c,d,e,f}中各个字符的使用频率依次为0.07、0.09、0.12、0.22、0.23、0.27，试用哈夫曼树设计该字符集的哈夫曼编码。

8. 如果对字符集{A,C,E,S,T}的编码方案为A：10,C：000,E：01,S：001,T：11，试对00111101101进行译码。

四、算法题

1. 假设二叉树采用二叉链表存储结构，编写一个算法，求出二叉树中的最大结点值。

2. 假设二叉树采用二叉链表存储结构，编写一个不同于书中的算法，求出二叉树中的叶子结点数。

3. 要复制一棵二叉树，需要首先复制根结点，然后分别复制根结点的左子树和右子树。请写出复制二叉树的算法。

4. 要删除一棵二叉树，必须先删除根结点的左子树和右子树，然后删除根结点。请写出删除二叉树的算法。

第7章 图

本章学习目标

- 理解图的基本概念；
- 熟练掌握图的存储结构和图的遍历算法；
- 熟练掌握用不同的算法求最小生成树的方法；
- 掌握拓扑排序的算法；
- 掌握关键路径和最短路径的求解算法。

本章主要介绍图的基本概念、图的存储结构和遍历方法、最小生成树、拓扑排序、关键路径和最短路径。

7.1 图的基本概念

图和树一样，也是一种非线性的数据结构，但它比树状结构更复杂。在树状结构中，结点间具有分支层次关系，每层上的结点只能和上一层中的至多一个结点相关，但可能和下一层的多个结点相关。而在图状结构中，任意两个结点之间都可能相关，即结点之间的邻接关系可以是任意的。因此，图状结构被用于描述更加复杂的数据关系。

7.1.1 图的抽象数据类型

图由非空的顶点集合和一个描述顶点之间关系（边或者弧）的集合组成，其抽象数据类型的定义如下：

```
ADT Graph{
    数据对象:V是具有相同的特性的数据元素的集合称为顶点集
    数据关系:R={E}
             E={< vi,vj>| vi,vj ∈V ∧P(vi,vj),<vi,vj>表示从vi
             到vj的弧,
                      谓词P(vi,vj)定义了弧的意义或信息}
    基本操作:
```

```
    CreateGraph(&G,V,E)
      初始条件:V是图的顶点集,E是图中弧的集合
      操作结果:按V和E的定义构造图G
    DestroyGraph(&G)
      初始条件:图G存在
      操作结果:销毁图G
    LocateVex(G,u)
      初始条件:图G存在,u和G中顶点有相同特征
      操作结果:若G中存在顶点u,则返回该顶点在图中位置;否则返回其他信息
    GetVex(G,v)
      初始条件:图G存在,v是G中的某个顶点
      操作结果:返回v的值
    PutVex(&G,v,value)
      初始条件:图G存在,v是G中的某个顶点
      操作结果:对v赋值value
    FirstAdjVex(G,v)
      初始条件:图G存在,v是G中的某个顶点
      操作结果:返回v的第一个邻接点,若顶点v在G中没有邻接点,则返回"空"
    NextAdjVex(G,v,w)
      初始条件:图G存在,v是G中的某个顶点,w是v的邻接点
      操作结果:返回v的(相对于w的)下一个邻接点,若w是v的最后一个邻接点,则返回"空"
    InsertVex(&G,v)
      初始条件:图G存在,v和图中顶点有相同特征
      操作结果:在图G中增加新顶点v
    DeleteVex(&G,v)
      初始条件:图G存在,v是G中的某个顶点
      操作结果:删除G中顶点v及其相关的弧
    InsertArc(&G,v,w)
      初始条件:图G存在,v和w是G中两个顶点
      操作结果:在G中增加弧<v,w>,若G是无向的,则增加对称弧<w,v>
    DeleteArc(&G,v,w)
      初始条件:图G存在,v和w是G中的两个顶点
      操作结果:在G中删除弧<v,w>,若G是无向的,则删除对称弧<w,v>
    DFSTraverse(G,Visit())
      初始条件:图G存在,Visit()是顶点的访问函数
      操作结果:对图进行深度优先遍历,在遍历过程中对每个顶点调用函数Visit()一次且仅
一次,一旦Visit()失败,则操作失败
      BFS Traverse(G,Visit())
      初始条件:图G存在,Visit()是顶点的访问函数
      操作结果:对图进行广度优先遍历,在遍历过程中对每个顶点调用函数Visit()一次且仅
一次,一旦Visit()失败,则操作失败
}ADT Graph
```

7.1.2 图的基本术语

（1）顶点、弧、边、有向图、无向图。图中的数据元素称为顶点（Vertex），V 是顶点的有穷非空集合；E 是两个顶点之间关系的集合。若$<v_i, v_j> \in E$，则$<v_i, v_j>$表示从顶点 v_i 到顶点 v_j 的一条弧（Arc），且称 v_i 为弧尾（Tail）或初始点，称 v_j 为弧头（Head）或终端点。此时的图称为有向图（Directedgraph）。若有$<v_i, v_j> \in E$，必有$<v_j, v_i> \in E$，即 E 是对称的，则以无序对(v_i, v_j)代替这两个有序对，表示顶点 v_i 和顶点 v_j 之间的一条边（Edge），称顶点 v_i 和顶点 v_j 互为邻接点（Adjacent），边(v_i, v_j)依附于顶点 v_i 与顶点 v_j，此时的图称为无向图（Undirectedgraph）。

【例 7.1】 图 7.1 给出了一个无向图 $G1=(V_1, E_1)$，在该图中：集合 $V1=\{v_1, v_2, v_3, v_4, v_5\}$；集合 $E1=\{(v_1, v_2), (v_1, v_4), (v_2, v_3), (v_3, v_4), (v_3, v_5), (v_2, v_5)\}$。图 7.2 给出了一个有向图 $G2=(V_2, E_2)$，在该图中：集合 $V2=\{v_1, v_2, v_3, v_4\}$；集合 $E2=\{<v_1, v_2>, <v_1, v_3>, <v_3, v_4>, <v_4, v_1>\}$。

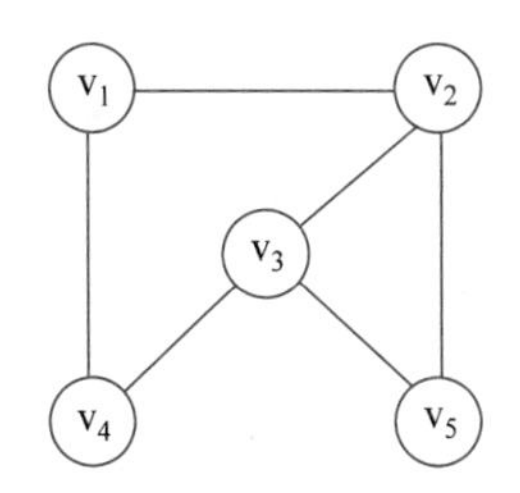

图 7.1 无向图 G1

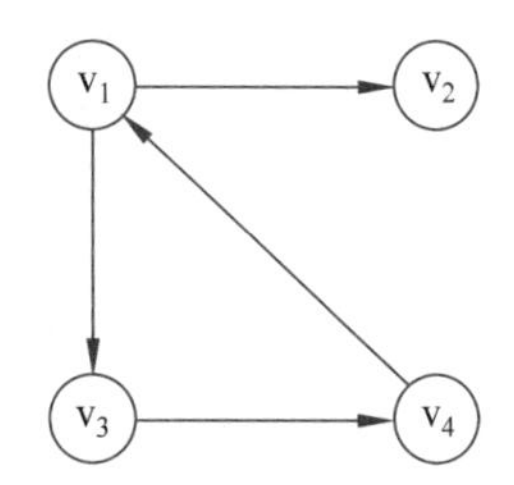

图 7.2 有向图 G2

（2）无向完全图。在一个无向图中，如果任意两个顶点都有一条直接边相连接，则称该图为无向完全图。可以证明，在一个含有 n 个顶点的无向完全图中，有 $n(n-1)/2$ 条边。

（3）有向完全图。在一个有向图中，如果任意两个顶点之间都有方向互为相反的两条弧相连接，则称该图为有向完全图。在一个含有 n 个顶点的有向完全图中，有 $n(n-1)$ 条边。

（4）稠密图、稀疏图。若一个图接近完全图，称为稠密图；称边数很少的图为稀疏图。

（5）顶点的度、入度、出度。顶点的度（Degree）是指依附于某顶点 v 的边数，通常记为 TD (v)。在有向图中，要区别顶点的入度与出度的概念。顶点 v 的入度是指以顶点为终点的弧的数目，记为 ID(v)；顶点 v 出度是指以顶点 v 为始点的弧的数目，记为 OD(v)。有 $TD(v)=ID(v)+OD(v)$。

【例 7.2】 在 G1 中有：

$TD(v_1)=2 \quad TD(v_2)=3 \quad TD(v_3)=3 \quad TD(v_4)=2 \quad TD(v_5)=2$

在 G2 中有：$ID(v_1)=1 \quad OD(v_1)=2 \quad TD(v_1)=3$

$ID(v_2)=1 \quad OD(v_2)=0 \quad TD(v_2)=1$

$ID(v_3)=1 \quad OD(v_3)=1 \quad TD(v_3)=2$

$ID(v_4)=1 \quad OD(v_4)=1 \quad TD(v_4)=2$

可以证明,对于具有 n 个顶点、e 条边的图,顶点 v_i 的度 TD (v_i)与顶点的个数以及边的数目满足关系

$$2e=\left(\sum_{i=1}^{n}TD(v_i)\right)/2$$

(6) 边的权、网图。与边有关的数据信息称为权(Weight)。在实际应用中,权值可以有某种含义。例如,在一个反映城市交通线路的图中,边上的权值可以表示该条线路的长度或者等级;对于一个电子线路图,边上的权值可以表示两个端点之间的电阻、电流或电压值;对于反映工程进度的图,边上的权值可以表示从前一个工程到后一个工程所需的时间,等。边上带权的图称为网图或网络(Network)。图 7.3 所示是一个无向网图。如果边是有方向的带权图,则是一个有向网图。

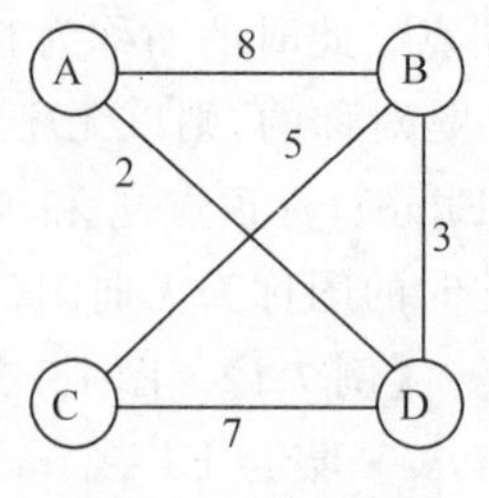

图 7.3 一个无向网图示意

(7) 路径、路径长度。顶点 v_p 到顶点 v_q 之间的路径(Path)是指顶点序列 $v_p,v_{i1},v_{i2},\cdots,v_{im},v_q$。其中,$(v_p,v_{i1}),(v_{i1},v_{i2}),\cdots,(v_{im},v_q)$分别为图中的边。路径上边的数目称为路径长度。图 7.1 所示的无向图 G1 中,$v_1\rightarrow v_4\rightarrow v_3\rightarrow v_5$ 与 $v_1\rightarrow v_2\rightarrow v_5$ 是从顶点 v_1 到顶点 v_5 的两条路径,路径长度分别为 3 和 2。

(8) 回路、简单路径、简单回路。称 v_i 的路径为回路或者环(Cycle)。序列中顶点不重复出现的路径称为简单路径。在图 7.1 中,前面提到的 $v_1\sim v_5$ 的两条路径都为简单路径。除第一个顶点与最后一个顶点之外,其他顶点不重复出现的回路称为简单回路或者简单环,如图 7.2 中的 $v_1\rightarrow v_3\rightarrow v_4\rightarrow v_1$。

(9) 子图:对于图 $G=(V,E)$,$G'=(V',E')$,若存在 V'是 V 的子集,E'是 E 的子集,则称图 G'是 G 的一个子图。

【例 7.3】 图 7.4 示出了 G2 和 G1 的两个子图 G′和 G″。

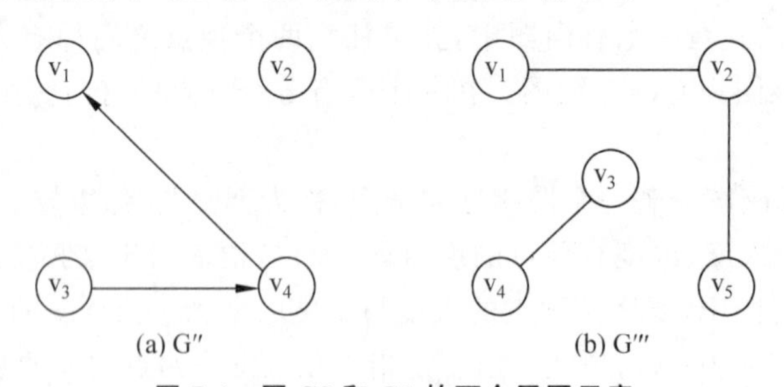

图 7.4 图 G2 和 G1 的两个子图示意

(10) 连通的、连通图、连通分量。在无向图中,如果从一个顶点 v_i 到另一个顶点 $v_j(i\neq j)$有路径,则称顶点 v_i 和 v_j 是连通的。如果图中任意两个顶点都是连通的,则称该图是连通图。无向图的极大连通子图称为连通分量。图 7.5(a)中有两个连通分量,如图 7.5(b)所示。

(11) 强连通图、强连通分量。对于有向图来说,若图中任意一对顶点 v_i 和 $v_j(i\neq j)$均有从一个顶点 v_i 到另一个顶点 v_j 的路径,也有从 v_j 到 v_i 的路径,则称该有向图是强连通

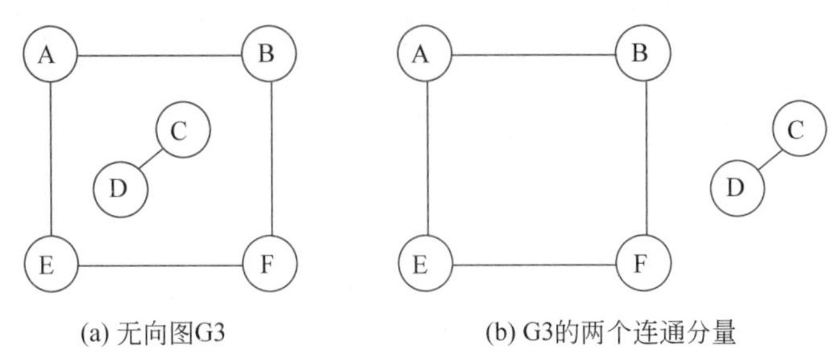

(a) 无向图G3　　(b) G3的两个连通分量

图 7.5　无向图及连通分量示意

图。有向图的极大强连通子图称为强连通分量。图 7.2 中有两个强连通分量,分别是{v_1,v_3,v_4}和{v_2},如图 7.6 所示。

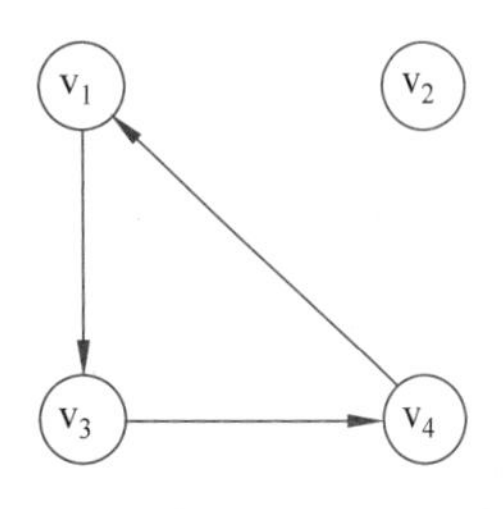

图 7.6　有向图 G2 的两个强连通分量示意

(12) 生成树。所谓连通图 G 的生成树,是 G 包含其全部 n 个顶点的一个极小连通子图,它必定包含且仅包含 G 的 n－1 条边。图 7.4(b)展示出了图 7.1(a)中 G1 的一棵生成树。在生成树中添加任意一条属于原图中的边必定会产生回路,因为新添加的边使其依附的两个顶点之间有了第二条路径。若生成树中减少任意一条边,则必然成为非连通的。

7.2　图的存储结构

图是一种结构复杂的数据结构,从图的定义可知,一个图的信息包括两部分,即图中顶点的信息以及描述顶点之间的关系,即边或者弧的信息。因此,建立图的存储结构就是要完整、准确地反映这两方面的信息。下面介绍两种常用的图的存储结构。

7.2.1　邻接矩阵

邻接矩阵(Adjacency Matrix)的存储结构就是用一维数组存储图中顶点的信息,用矩阵表示图中各顶点之间的邻接关系。假设图 G＝(V,E)有 n 个确定的顶点,即 V＝{v_0,v_1,…,v_{n-1}},则表示 G 中各顶点的相邻关系为一个 n×n 的矩阵,矩阵的元素为

$$A[i][j]=\begin{cases}1, & \text{若}(v_i,v_j)\text{或}<v_i,v_j>\text{是 E(G)中的边}\\0, & \text{若}(v_i,v_j)\text{或}<v_i,v_j>\text{不是 E(G)中的边}\end{cases}$$

若 G 是网图,则邻接矩阵可定义为

$$A[i][j]=\begin{cases}w_{ij}, & \text{若}(v_i,v_j)\text{或}<v_i,v_j>\text{是 E(G)中的边}\\0\text{ 或}\infty, & \text{若}(v_i,v_j)\text{或}<v_i,v_j>\text{不是 E(G)中的边}\end{cases}$$

其中,w_{ij}表示边(v_i,v_j)或<v_i,v_j>上的权值;∞表示一个计算机允许的、大于所有边上权值的数。

【例 7.4】 已知一个无向图,用邻接矩阵表示法表示图(图 7.7)。已知一个网图,用邻接矩阵表示法表示网图(图 7.8)。

从图的邻接矩阵存储结构中可以看出这种表示具有以下特点。

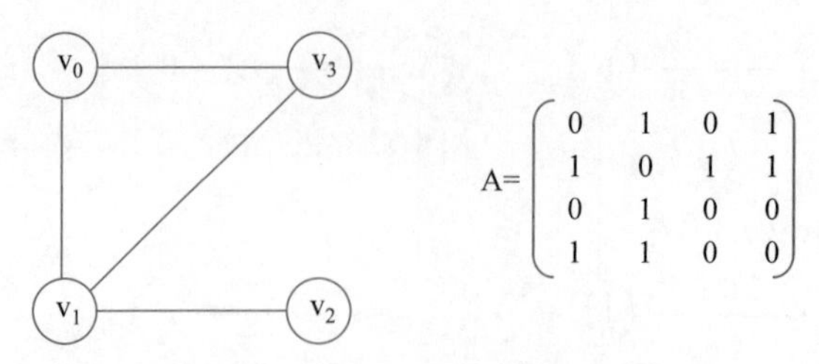

图 7.7 一个无向图的邻接矩阵表示

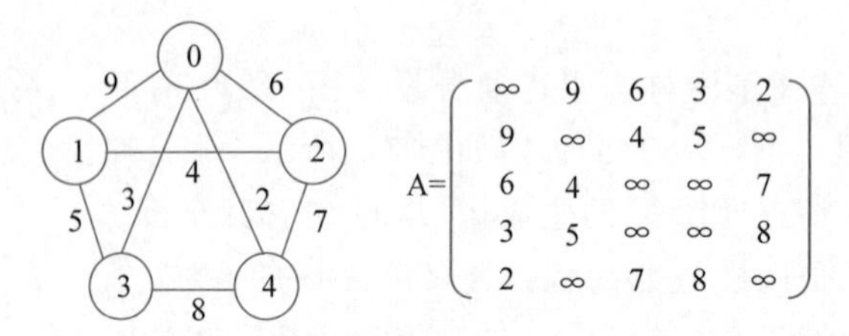

图 7.8 一个网图的邻接矩阵表示

(1) 无向图的邻接矩阵一定是一个对称矩阵。因此,在存放邻接矩阵时只需要存放上(或下)三角矩阵的元素即可。

(2) 对于无向图,邻接矩阵的第 i 行(或第 i 列)非零元素(或非∞元素)的个数正好是第 i 个顶点的度 TD(v_i)。

(3) 对于有向图,邻接矩阵的第 i 行(或第 i 列)非零元素(或非∞元素)的个数正好是第 i 个顶点的出度 OD(v_i)(或入度 ID(v_i))。

(4) 用邻接矩阵方法存储图很容易确定图中任意两个顶点之间是否有边相连;但是,要确定图中有多少条边,则必须按行、按列对每个元素进行检测,花费的时间代价很大。这是用邻接矩阵存储图的局限性。

下面介绍图的邻接矩阵存储表示。在用邻接矩阵存储图时,除了用一个二维数组存储用于表示顶点间相邻关系的邻接矩阵外,还需要用一个一维数组存储顶点信息,另外还有图的顶点数和边数。

邻接矩阵表示的形式描述如下:

```
#define MaxVertexNum 100                         //最大顶点数设为 100
typedef char VertexType;                         //顶点类型设为字符型
typedef int EdgeType;                            //边的权值设为整型
typedef struct {
  VertexType vexs[MaxVertexNum];                 //顶点表
  EdgeType edges[MaxVertexNum][MaxVertexNum];    //邻接矩阵,即边表
  int n,e;                                       //顶点数和边数
}Mgragh;                                         //Mgragh 是以邻接矩阵存储的图类型
```

建立一个图的邻接矩阵存储的算法如算法 7.1 所示。

【算法 7.1】

```
void CreateMGraph(MGraph &G)
{ //建立有向图 G 的邻接矩阵存储
  int i,j,k,w;
  char ch;
  printf("请输入顶点数和边数(输入格式为:顶点数,边数):\n");
  scanf("%d,%d",&(G.n),&(G.e));                    //输入顶点数和边数
  printf("请输入顶点信息(输入格式为:顶点号<CR>):\n");
  for (i=0;i<G.n;i++)  scanf("\n%c",&(G.vexs[i]));  //输入顶点信息,建立顶点表
  for (i=0;i<G.n;i++)
    for (j=0;j<G.n;j++)
      G.edges[i][j]=0;                             //初始化邻接矩阵
  printf("请输入每条边对应的两个顶点的序号(输入格式为:i,j):\n");
  for (k=0;k<G.e;k++)
  { scanf("\n%d,%d",&i,&j);                        //输入 e 条边,建立邻接矩阵
    G.edges[i][j]=1;                               //若有边输入,则 G.edges[j][i]=1;
  }
}                                                  //CreateMGraph
```

7.2.2　邻接表

邻接表(Adjacency List)是图的一种顺序存储与链式存储相结合的存储方法。邻接表表示法类似于树的孩子链表表示法。对于图 G 中的每个顶点 v_i,将所有邻接于 v_i 的顶点 v_j 链成一个单链表,这个单链表就称为顶点 v_i 的邻接表,再将所有点的邻接表表头放到数组中,就构成了图的邻接表。邻接表表示中有两种结点结构,如图 7.9 所示。

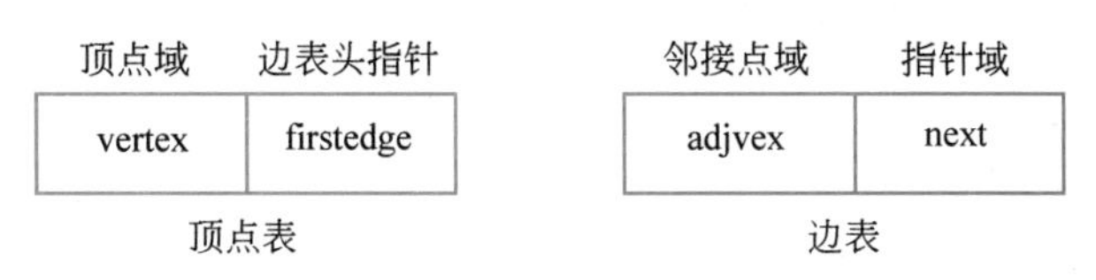

图 7.9　邻接矩阵表示的结点结构

一种是顶点表的结点结构,它由顶点域(Vertex)和指向第一条邻接边的指针域(Firstedge)构成,另一种是边表(邻接表)结点,它由邻接点域(Adjvex)和指向下一条邻接边的指针域(Next)构成。对于网图的边表,需要再增设一个存储边上信息(如权值等)的域(Info),网图的边表结构如图 7.10 所示。

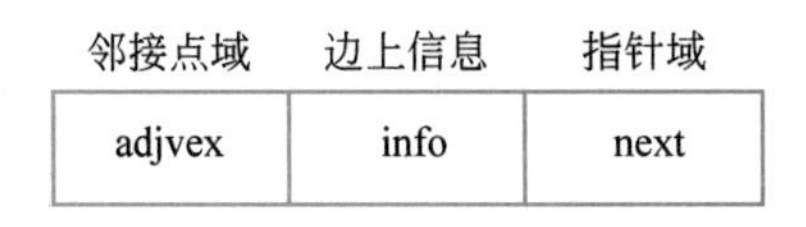

图 7.10　网图的边表结构

【例 7.5】　图 7.11 给出了无向图(如图 7.7 所示)对应的邻接表表示。

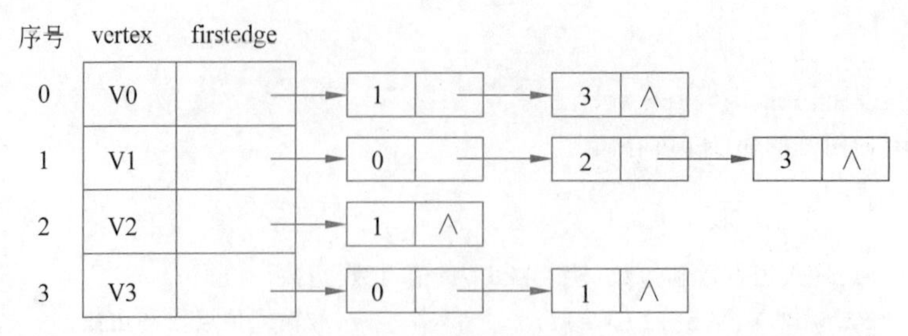

图 7.11 图的邻接表表示

邻接表表示的形式描述如下：

```
#define MaxVerNum 100                          //最大顶点数为 100
typedef struct node{                           //边表结点
  int   adjvex;                                //邻接点域
  struct node  * next;                         //指向下一个邻接点的指针域
}EdgeNode;
typedef struct vnode{                          //顶点表结点
  VertexType vertex;                           //顶点域
  EdgeNode  * firstedge;                       //边表头指针
}VertexNode;
typedef VertexNode AdjList[MaxVertexNum];  //AdjList 是邻接表类型
typedef struct{
  AdjList adjlist;                             //邻接表
  int n,e;                                     //顶点数和边数
}ALGraph;                                      //ALGraph 是以邻接表方式存储的图类型
```

建立一个有向图的邻接表存储的算法如算法 7.2 所示。

【算法 7.2】

```
void CreateALGraph(ALGraph &G)
{ //建立有向图的邻接表存储
  int i,j,k;
  EdgeNode * s;
  printf("请输入顶点数和边数(输入格式为:顶点数,边数):\n");
  scanf("%d,%d",&(G.n),&(G.e));                    //读入顶点数和边数
  printf("请输入顶点信息(输入格式为:顶点号<CR>):\n");
  for (i=0;i<G.n;i++)                              //建立有 n 个顶点的顶点表
  { scanf("\n%c",&(G.adjlist[i].vertex));          //读入顶点信息
    G.adjlist[i].firstedge=NULL;                   //顶点的边表头指针设为空
  }
  printf("请输入边的信息(输入格式为:i,j):\n");
  for (k=0;k<G->e;k++)                             //建立边表
  { scanf("\n%d,%d",&i,&j);                        //读入边<Vi,Vj>的顶点对应序号
```

```
    s=(EdgeNode*)malloc(sizeof(EdgeNode)); //生成新边表结点 s
    s->adjvex=j;                             //邻接点序号为 j
    s->next=G.adjlist[i].firstedge;      //将新边表结点 s 插入顶点 Vi 的边表头部
    G.adjlist[i].firstedge=s;
  }
}                                            //CreateALGraph
```

若无向图中有 n 个顶点、e 条边，则它的邻接表需要 n 个头结点和 2e 个表结点。显然，在边稀疏（e<<n(n−1)/2）的情况下，用邻接表表示图比邻接矩阵更节省存储空间，当和边相关的信息较多时更是如此。

在无向图的邻接表中，顶点 v_i 的度恰为第 i 个链表中的结点数；而在有向图中，第 i 个链表中的结点个数只是顶点 v_i 的出度，为求入度，必须遍历整个邻接表。在所有链表中，其邻接点域的值为 i 的结点的个数是顶点 v_i 的入度。有时，为了便于确定顶点的入度或以顶点 v_i 为头的弧，可以建立一个有向图的逆邻接表，即给每个顶点 v_i 建立一个链接以 v_i 为头的弧的链表。

【例 7.6】 图 7.12 所示为有向图 G2（如图 7.2 所示）的邻接表和逆邻接表。

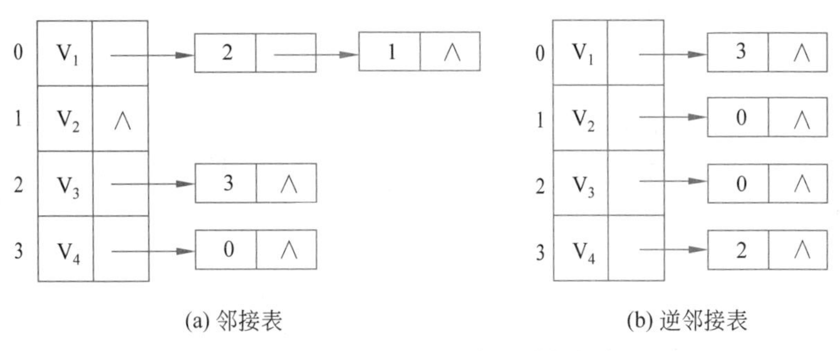

图 7.12 图 7.2 的邻接表和逆邻接表

在建立邻接表或逆邻接表时，若输入的顶点信息为顶点的编号，则建立邻接表的复杂度为 O(n+e)，否则，需要通过查找才能得到顶点在图中位置，时间复杂度为 O(n·e)。在邻接表上容易找到任一顶点的第一个邻接点和下一个邻接点，但要判定任意两个顶点（v_i 和 v_j）之间是否有边或弧相连，则需要搜索第 i 个或第 j 个链表，因此不及邻接矩阵方便。

7.2.3 应用举例

【例 7.7】 设计一个程序，采用交互方式建立一个网图的邻接矩阵表示，分行输出该邻接矩阵，求出各顶点的度，并输出。请给出完整的程序。

解题思路：首先定义邻接矩阵表示的图的类型，然后设计创建邻接矩阵表示的图的算法、输出该邻接矩阵以及求出图中各顶点的度的算法，最后在主函数中调用实现。

完整的程序如下：

```
#include<iostream>
#include<stdio.h>
```

```
#include<malloc.h>
#define MAXVER 20
#define INFINITY 32555
using namespace std;
typedef struct
{
  char vexs[MAXVER];
  int arcs[MAXVER][MAXVER];
  int vexnum,arcnum;
}MGraph;
void CreateUND(MGraph &g)
{
  int i,j,k,w;
  printf("vexnum arcnum:\n");
  scanf("%d",&g.vexnum);
  scanf("%d",&g.arcnum);
  for (i=0;i<g.vexnum;i++)
  {
    printf("%d:",i);
    cin>>g.vexs[i];
  }
  for (i=0;i<g.vexnum;i++)
    for (j=0;j<g.vexnum;j++)
      g.arcs[i][j]=INFINITY;
  printf("边数(i,j,w):\n");
  for (k=0;k<g.arcnum;k++)
  {
    cin>>i>>j>>w;
    g.arcs[i][j]=w;
    g.arcs[j][i]=w;
  }
}
void DispUND(MGraph g)
{
  int i,j;
  for (i=0;i<g.vexnum;i++)
  {
    for (j=0;j<g.vexnum;j++)
      if (g.arcs[i][j]==INFINITY)
        printf(" & ");
      else
        printf(" %d ",g.arcs[i][j]);
      putchar('\n');
  }
}
```

```
void CountDu(MGraph g)
{
  int i,j,k;
  for (i=0;i<g.vexnum;i++)
  {
    k=0;
    for (j=0;j<g.vexnum;j++)
      if (g.arcs[i][j]!=INFINITY)
        k++;
    printf("%c 的度:%d\n",g.vexs[i],k);
  }
}
int main(void)
{
  MGraph g;
  CreateUND(g);
  DispUND(g);
  CountDu(g);
  return 0;
}
```

程序运行结果如图 7.13 所示。

```
C:\Users\Administrator\source\repos\Project5\Debug\Project5.exe
请输入顶点数和边数:
5 8
请输入顶点信息（顶点号）:
0 1 2 3 4
请输入每条边对应的两个顶点的序号及权重（格式: i j w):
0 1 9
0 3 3
0 2 6
0 4 2
1 2 4
1 3 5
3 4 8
4 2 7
第1行:∞ 9 6 3 2
第2行:9 ∞ 4 5 ∞
第3行:6 4 ∞ ∞ 7
第4行:3 5 ∞ ∞ 8
第5行:2 ∞ 7 8 ∞
第0个顶点0的度是4
第1个顶点1的度是3
第2个顶点2的度是3
第3个顶点3的度是3
第4个顶点4的度是3
请按任意键继续. . .
```

图 7.13　程序运行结果

7.3　图的遍历

图的遍历是指从图中的任一顶点出发，对图中的所有顶点访问一次且只访问一次。图的遍历操作和树的遍历操作功能相似。图的遍历是图的一种基本操作，图的许多其他操作都建立在遍历操作的基础之上。图的遍历通常有深度优先搜索和广度优先搜索两种方式，下面分别介绍。

7.3.1　深度优先搜索

深度优先搜索(Depth First Search)遍历类似于树的先根遍历，是树的先根遍历的推广。

假设初始状态是图中所有顶点未曾被访问，则深度优先搜索可从图中某个顶点 v 出发，访问此顶点，然后依次从 v 的未被访问的邻接点出发深度优先遍历图，直至图中所有和 v 有路径相通的顶点都被访问；若此时图中尚有顶点未被访问，则另选图中一个未曾被访问的顶点作为起始点，重复上述过程，直至图中所有顶点都被访问为止。

【例 7.8】 以图 7.14 的无向图 G5 为例进行图的深度优先搜索。

假设从顶点 v_1 出发进行搜索，在访问了顶点 v_1 之后，选择邻接点 v_2。因为 v_2 未曾访问，则从 v_2 出发进行搜索。以此类推，接着从 v_4、v_8、v_5 出发进行搜索。在访问了 v_5 之后，由于 v_5 的邻接点都已被访问，则搜索回到 v_8。由于同样的理由，搜索继续回到 v_4、v_2 直至 v_1，此时由于 v_1 的另一个邻接点未被访问，则搜索又从 v_1 到 v_3，再继续进行下去。由此得到顶点访问序列为

$v_1 \rightarrow v_2 \rightarrow v_4 \rightarrow v_8 \rightarrow v_5 \rightarrow v_3 \rightarrow v_6 \rightarrow v_7$

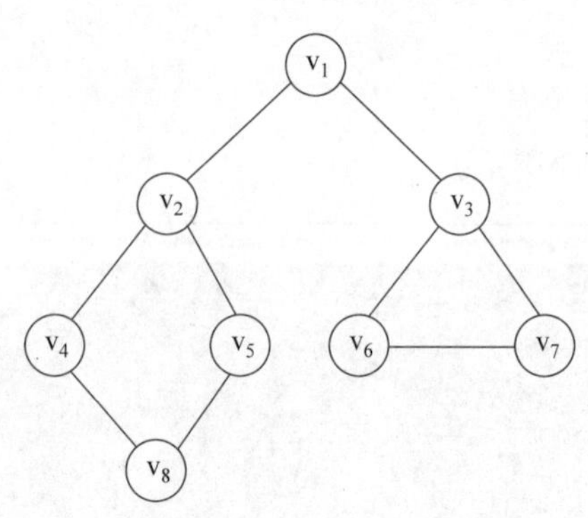

图 7.14　无向图 G5

显然，这是一个递归的过程。为了在遍历过程中便于区分顶点是否已被访问，需要附设访问标志数组 visited[0:n－1]，其初值为 false，一旦某个顶点被访问，其相应的分量就置为 True。

从图的某一点 v 出发，递归地进行深度优先遍历的过程如算法 7.3 所示。

【算法 7.3】

```
void DFS(Graph G,int v )
{ //从第 v 个顶点出发递归地深度优先遍历图 G
  visited[v]=TRUE;VisitFunc(v);         //访问第 v 个顶点
  for(w=FirstAdjVex(G,v);w; w=NextAdjVex(G,v,w))
    if (!visited[w]) DFS(G,w);          //对 v 的尚未访问的邻接顶点 w 递归调用 DFS
}                                       //DFS
```

算法7.4和算法7.5给出了对以邻接表为存储结构的整个图G进行深度优先遍历实现的C语言描述。

【算法7.4】

```
void DFSTraverseAL(ALGraph &G)
{ //深度优先遍历以邻接表存储的图G
  int i;
  for (i=0;i<G.n;i++)
    visited[i]=FALSE;                          //标志向量初始化
  for (i=0;i<G.n;i++)
    if (!visited[i])  DFSAL(G,i);              //vi未访问过,从vi开始DFS搜索
}                                              //DFSTraveseAL
```

【算法7.5】

```
void DFSAL(ALGraph &G,int i)
{ //以Vi为出发点对邻接表存储的图G进行DFS搜索
  EdgeNode *p;
  printf("visit vertex:V%c\n",G.adjlist[i].vertex);    //访问顶点Vi
  visited[i]=TRUE;                        //标记Vi已访问
  p=G.adjlist[i].firstedge;               //取Vi边表的头指针
  while(p)                                //依次搜索Vi的邻接点Vj,j=p->adjva
  { if (!visited[p->adjvex])              //若Vj尚未访问,则以Vj为出发点向纵深搜索
    DFSAL(G,p->adjvex);
    p=p->next;                            //找Vi的下一个邻接点
  }
}                                         //DFSAL
```

分析上述算法，在遍历时，对图中每个顶点至多调用一次DFS()函数，因为一旦某个顶点被标记成已被访问，就不再从它出发进行搜索了。因此，遍历图的过程实质上是对每个顶点查找其邻接点的过程，其耗费的时间取决于采用的存储结构。当用二维数组表示邻接矩阵图的存储结构时，查找每个顶点的邻接点所需的时间为$O(n^2)$，其中n为图中顶点数；当以邻接表作图的存储结构时，查找邻接点所需的时间为O(e)，其中e为无向图中的边数或有向图中的弧数。由此，当以邻接表作为存储结构时，深度优先搜索遍历图的时间复杂度为O(n+e)。

7.3.2 广度优先搜索

广度优先搜索(Breadth First Search)遍历类似于树的按层次遍历的过程。

假设从图中某顶点v出发，在访问了v之后依次访问v的各个未曾访问过的邻接点，然后分别从这些邻接点出发依次访问它们的邻接点，并使“先被访问的顶点的邻接点”先于“后被访问的顶点的邻接点”被访问，直至图中所有已被访问的顶点的邻接点都被访问。若此时图中尚有顶点未被访问，则另选图中一个未曾被访问的顶点作为起

始点，重复上述过程，直至图中所有顶点都被访问为止。换句话说，广度优先搜索遍历图的过程中以 v 为起始点，由近至远地依次访问和 v 有路径相通且路径长度为 1，2，…，n 的顶点。

【例 7.9】 对图 7.14 所示的无向图 G5 进行广度优先搜索遍历。

首先访问 v_1 和 v_1 的邻接点 v_2 和 v_3，然后依次访问 v_2 的邻接点 v_4 和 v_5 及 v_3 的邻接点 v_6 和 v_7，最后访问 v_4 的邻接点 v_8。由于这些顶点的邻接点均已被访问，并且图中所有顶点都被访问，便完成了图的遍历。得到的顶点访问序列为

$$v_1 \to v_2 \to v_3 \to v_4 \to v_5 \to v_6 \to v_7 \to v_8$$

和深度优先搜索类似，在遍历的过程中也需要一个访问标志数组。并且，为了顺次访问路径长度为 2，3，…，n 的顶点，需要附设队列以存储已被访问的路径长度为 1，2，…，n 的顶点。从图的某一点 v 出发进行广度优先遍历的过程如算法 7.6 所示。

【算法 7.6】

```
void  BFSTraverse(Graph G, Status( * Visit)(int v))
{ //按广度优先非递归遍历图 G。使用辅助队列 Q 和访问标志数组 visited
  for (v=0;v<G.vexnum;++v)
    visited[v]=FALSE
    InitQueue(Q);                                  //置空的队列 Q
    if (!visited[v])                               //v 尚未访问
      {EnQucue(Q,v);                               //v 入队列
      while (!QueueEmpty(Q))
        { DeQueue(Q,u);                            //队头元素出队并置为 u
          visited[u]=TRUE; visit(u);               //访问 u
          for(w=FirstAdjVex(G,u); w; w=NextAdjVex(G,u,w))
            if (!visited[w]) EnQueue(Q,w);         //u 的尚未访问的邻接顶点 w 入队列 Q
        }
      }
}                                                  //BFSTraverse
```

算法 7.7 和算法 7.8 给出了对以邻接矩阵为存储结构的整个图 G 进行深度优先遍历实现的 C 语言描述。

【算法 7.7】

```
void BFSTraverseAL(MGraph &G)
{ //广度优先遍历以邻接矩阵存储的图 G
  int i;
  for (i=0;i<G.n;i++)
    visited[i]=FALSE;                             //标志向量初始化
  for (i=0;i<G.n;i++)
    if (!visited[i]) BFSM(G,i);                   //vi 未访问过,从 vi 开始进行 BFS 搜索
}                                                 //BFSTraverseAL
```

【算法 7.8】

```
void BFSM(MGraph &G,int k)
{ //以 Vi 为出发点,对邻接矩阵存储的图 G 进行 BFS 搜索
  int i,j;
  InitQueue(&Q);
  printf("visit vertex:V%c\n",G.vexs[k]);              //访问原点 Vk
  visited[k]=TRUE;
  EnQueue(&Q,k);                                        //原点 Vk 入队列
  while (!QueueEmpty(&Q))
  { i=DeQueue(&Q);                                      //Vi 出队列
    for (j=0;j<G.n;j++)                                 //依次搜索 Vi 的邻接点 Vj
    if (G.edges[i][j]==1 && !visited[j])                //若 Vj 未访问
      { printf("visit vertex:V%c\n",G.vexs[j]);        //访问 Vj
        visited[j]=TRUE;
        EnQueue(&Q,j);                                  //访问过的 Vj 入队列
      }
  }
}                                                       //BFSM
```

分析上述算法,每个顶点至多进一次队列。遍历图的过程实质是通过边或弧查找邻接点的过程,因此广度优先搜索遍历图的时间复杂度和深度优先搜索遍历的相同,两者的不同之处仅仅在于访问顶点的顺序不同。

7.3.3 应用举例

【例 7.10】 设计一个程序,采用交互方式建立一个无向图的邻接表表示,并输出该图的深度优先搜索遍历得到的顶点序列。

解题思路:首先定义邻接表表示的图的类型,然后设计创建邻接表表示的图的算法和输出 DFS 得到遍历结果的算法,最后在主函数中调用实现。

完整的程序如下:

```
#include<stdio.h>
#include<iostream>
#include<malloc.h>
using namespace std;
#define MaxVerNum 100
bool visited[MaxVerNum];
typedef struct node
{
  int adjvex;                                    //邻接点域
  struct node * next;                            //指向下一个邻接点的指针域
}EdgeNode;
typedef struct vnode
```

```
{
  char vertex;                                //顶点信息
  EdgeNode * firstedge;                       //边表头指针
}VertexNode;
typedef VertexNode AdjList[MaxVerNum];
typedef struct
{
  AdjList adjlist;                            //邻接表
  int n, e;                                   //顶点数和边数
}ALGraph;
void CreateALGraph(ALGraph &G)
{
  int i, j, k;
  EdgeNode * s1, * s2;
  printf("请输入顶点数和边数(格式:顶点数 边数):\n");
  cin >> G.n >> G.e;
  printf("请输入顶点信息(格式:顶点号):\n");
  for (i = 1; i <= G.n; i++)
  {
    cin >> G.adjlist[i].vertex;
    G.adjlist[i].firstedge = NULL;
  }
  printf("请输入边的信息(输入格式:i j):\n");
  for (k = 0; k < G.e; k++)
  {
    cin >> i >> j;
    s1 = (EdgeNode *)malloc(sizeof(EdgeNode));
    s2 = (EdgeNode *)malloc(sizeof(EdgeNode));
    s1->adjvex = j;
    s1->next = G.adjlist[i].firstedge;
    G.adjlist[i].firstedge = s1;
    s2->adjvex = i;
    s2->next = G.adjlist[j].firstedge;
    G.adjlist[j].firstedge = s2;
  }
}
void DFSAL(ALGraph &G, int i)
{
  EdgeNode * p= G.adjlist[i].firstedge;
  printf("V%c ",G.adjlist[i].vertex);
  visited[i] = true;
  while (p)
  {
```

```
        if (!visited[p->adjvex])
            DFSAL(G, p->adjvex);
        p = p->next;
    }
}
void DFSTraverseAL(ALGraph &G)
{
    int i;
    for (i = 1; i <= G.n; i++)
        visited[i] = false;
    for (i = 1; i <= G.n; i++)
        if (!visited[i])
            DFSAL(G, i);
}
int main()
{
    ALGraph g;
    CreateALGraph(g);
    printf("深度优先搜索的结果是:");
    DFSTraverseAL(g);
}
```

程序运行结果如图 7.15 所示。

```
C:\Users\Administrator\source\repos\Project5\Debug\Project5.exe
请输入顶点数和边数（格式：顶点数 边数）：
8 9
请输入顶点信息（格式：顶点号）：
1 2 3 4 5 6 7 8
请输入边的信息（输入格式：i j）：
1 2
1 3
2 4
2 5
3 6
3 7
4 8
5 8
6 7
深度优先搜索的结果是：V1 V3 V7 V6 V2 V5 V8 V4 请按任意键继续. . .
```

图 7.15　运行结果

7.4　最小生成树

由生成树的定义可知，无向连通图的生成树不是唯一的。连通图的一次遍历经过的边的集合及图中所有顶点的集合就构成了该图的一棵生成树，对连通图的不同遍历就可能得到不同的生成树。图 7.16 所示为图 7.14 的无向连通图的生成树。

可以证明，对于有 n 个顶点的无向连通图，无论其生成树的形态如何，所有生成树中都有且仅有 n−1 条边。如果无向连通图是一个网，那么它的所有生成树中必有一棵边的

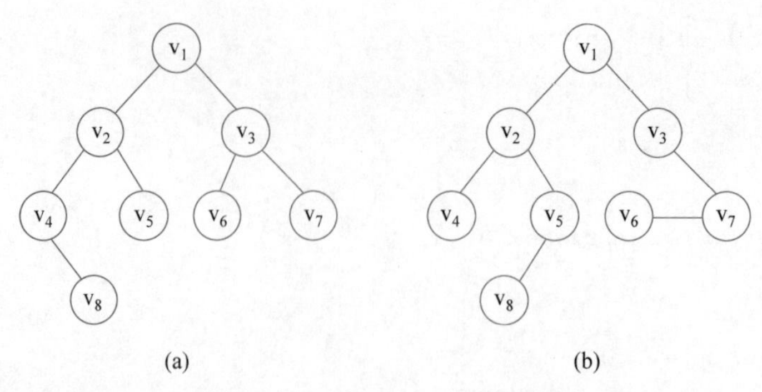

图 7.16 无向连通图 G5 的生成树

权值总和最小的生成树，称这棵生成树为最小生成树，简称最小生成树。

最小生成树的概念可以应用到许多实际问题中。例如有这样一个问题：以尽可能低的总造价建造城市间的通信网络，把十个城市联系在一起。在这十个城市中，任意两个城市之间都可以建造通信线路，通信线路的造价依据城市间距离的不同而不同，可以构造一个通信线路造价网络，在这个网络中，每个顶点表示城市，顶点之间的边表示城市之间可构造的通信线路，每条边的权值表示该条通信线路的造价，要想使总的造价最低，实际上就是寻找该网络的最小生成树。

下面介绍两种常用的构造最小生成树的方法。

7.4.1 Prim 算法

假设 G=(V,E)为一网图，其中 V 为网图中所有顶点的集合，E 为网图中所有带权边的集合。设置两个新的集合 U 和 T，其中集合 U 用于存放 G 的最小生成树中的顶点，集合 T 存放 G 的最小生成树中的边。令集合 U 的初值为 U={u_1}(假设构造最小生成树时，从顶点 u_1 出发)，集合 T 的初值为 T={}。Prim 算法的思想是：从所有 u∈U，v∈V−U 的边中选取具有最小权值的边(u,v)，将顶点 v 加入集合 U，将边(u,v)加入集合 T，如此不断重复，直到 U=V 时，最小生成树即构造完毕，这时集合 T 中包含最小生成树的所有边。

Prim 算法可用下述过程描述，其中用 w_{uv} 表示顶点 u 与顶点 v 边上的权值。

```
(1)U={u1},T={};
(2)while (U≠V)do
    (u,v)=min{wuv;u∈U,v∈V-U }
    T=T+{(u,v)}
    U=U+{v}
(3)结束。
```

【例 7.11】 图 7.17(a)所示的是一个网图，按照 Prim 方法，从顶点 1 出发，该网的最小生成树的产生过程如图 7.15(b)～(g)所示。

为实现 Prim 算法，需要设置两个辅助一维数组 lowcost 和 closevert，其中 lowcost 用

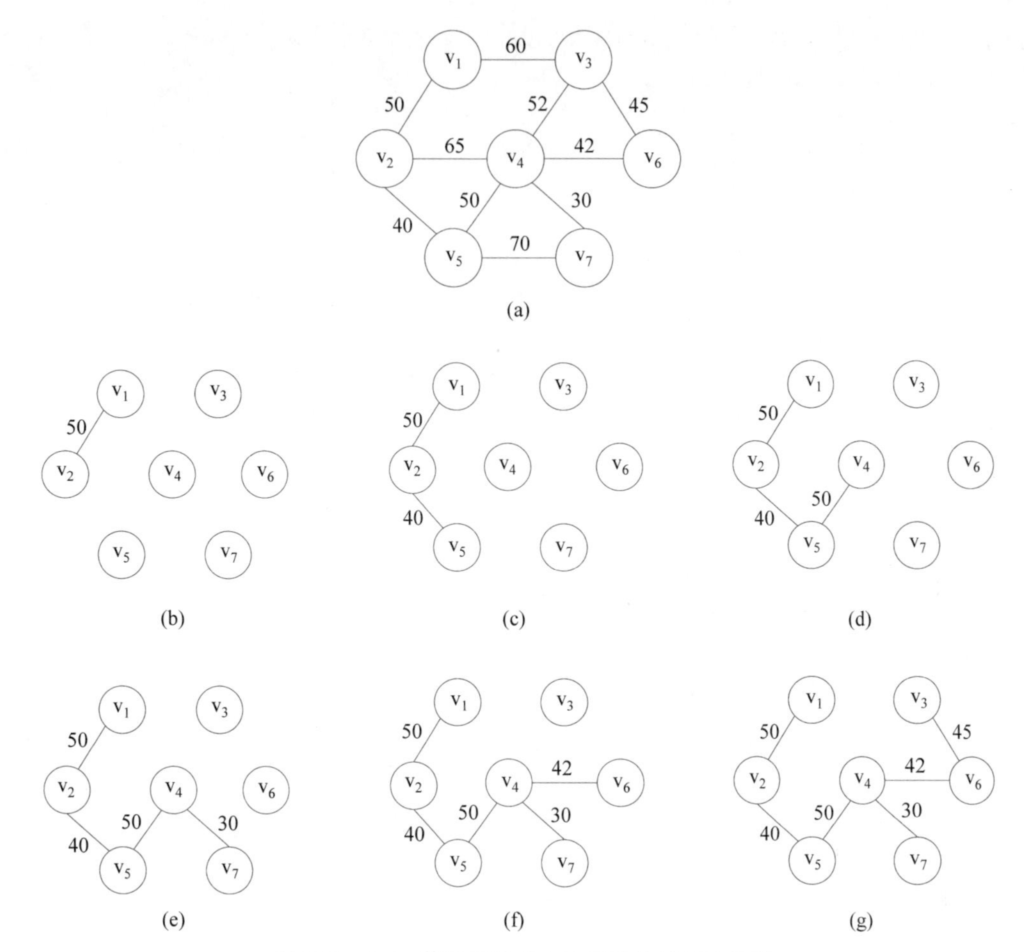

图 7.17 Prim 算法构造最小生成树的过程示意图

来保存集合 V－U 中各顶点与集合 U 中各顶点构成的边中具有最小权值的边的权值；数组 closevertex 用来保存依附于该边的在集合 U 中的顶点。假设初始状态时，U＝{u_1}（u_1 为出发的顶点），这时有 lowcost[0]＝0，表示顶点 u_1 已加入集合 U，数组 lowcost 的其他各分量的值是顶点 u_1 到其余各顶点构成的直接边的权值。然后不断选取权值最小的边（u_i，u_k）（$u_i \in U$，$u_k \in V-U$），每选取一条边，就将 lowcost(k)置为 0，表示顶点 u_k 已加入集合 U。由于顶点 u_k 从集合 V－U 进入集合 U 后，这两个集合的内容发生了变化，就需要依据具体情况更新数组 lowcost 和 closevertex 中部分分量的内容。最后 closevertex 中即为建立的最小生成树。

当无向网采用二维数组存储的邻接矩阵存储时，Prim 算法的 C 语言实现如算法 7.9 所示。

【算法 7.9】

```
void Prim(int gm[ ][MAXNODE],int n,int closevertex[ ])
{ //用 Prim 方法建立有 n 个顶点的邻接矩阵存储结构的网图 gm 的最小生成树
```

```
    //从序号为 0 的顶点出发;建立的最小生成树存储于数组 closevertex 中
    int lowcost[100],mincost;
    int i,j,k;
    for (i=1;i<n;i++)                   //初始化
    { lowcost[i]=gm[0][i];
      closevertex[i]=0;
    }
    lowcost[0]=0;                       //从序号为 0 的顶点出发生成最小生成树
    closevertex[0]=0;
    for (i=1;i<n;i++)                   //寻找当前最小权值的边的顶点
    { mincost=MAXCOST;                  //MAXCOST 为一个极大的常量值
      j=1;k=1;
      while (j<n)
      { if (lowcost[j]<mincost && lowcost[j]!=0)
        { mincost=lowcost[j];
          k=j;
        }
        j++;
      }
      printf("顶点的序号=%d 边的权值=%d\n",k,mincost);
      lowcost[k]=0;
      for (j=1;j<n;j++)                 //修改其他顶点的边的权值和最小生成树的顶点序号
        if (gm[k][j]<lowcost[j])
        { lowcost[j]=gm[k][j];
          closevertex[j]=k;
        }
    }
}
```

表 7.1 给出了用上述算法构造网图 7.17(a)所示的最小生成树的过程中,数组 closevertex、lowcost 及集合 U、V－U 的变化情况,读者可进一步加深对 Prim 算法的了解。

在 Prim 算法中,第一个 for 循环的执行次数为 n－1,第二个 for 循环中又包含一个 while 循环和一个 for 循环,执行次数为 $2(n-1)^2$,所以 Prim 算法的时间复杂度为 $O(n^2)$。

表 7.1 用 Prim 构造最小生成树过程中各参数的变化示意

顶点	(1)		(2)		(3)		(4)		(5)		(6)		(7)	
	Low Cost	Close Vex	Low Cost	Close Vex	Low Cost	Close Vex	Low Cost	Close Vex	Low Cost	Close Vex	Low Cost	Close Vex	Low Cost	Close Vex
V_1	0	1	0	1	0	1	0	1	0	1	0	1	0	1
V_2	50	1	0	1	0	1	0	1	0	1	0	1	0	1

续表

顶点	(1)		(2)		(3)		(4)		(5)		(6)		(7)	
	Low Cost	Close Vex	Low Cost	Close Vex	Low Cost	Close Vex	Low Cost	Close Vex	Low Cost	Close Vex	Low Cost	Close Vex	Low Cost	Close Vex
V_3	60	1	60	1	60	1	52	4	52	4	45	7	0	7
V_4	∞	1	65	2	50	5	0	5	0	5	0	5	0	5
V_5	∞	1	40	2	0	2	0	2	0	2	0	2	0	2
V_6	∞	1	∞	1	∞	1	42	4	42	4	0	4	0	4
V_7	∞	1	∞	1	70	5	30	4	0	4	0	4	0	4
U	$\{v_1\}$		$\{v_1,v_2\}$		$\{v_1,v_2,v_5\}$		$\{v_1,v_2,v_5,v_4\}$		$\{v_1,v_2,v_5,v_4,v_7\}$		$\{v_1,v_2,v_5,v_4,v_7,v_6\}$		$\{v_1,v_2,v_5,v_4,v_7,v_6,v_3\}$	
T	$\{\}$		$\{(v_1,v_2)\}$		$\{(v_1,v_2),(v_2,v_5)\}$		$\{(v_1,v_2),(v_2,v_5),(v_4,v_5)\}$		$\{(v_1,v_2),(v_2,v_5),(v_4,v_5),(v_4,v_7)\}$		$\{(v_1,v_2),(v_2,v_5),(v_4,v_5),(v_4,v_7),(v_4,v_6)\}$		$\{(v_1,v_2),(v_2,v_5),(v_4,v_5),(v_4,v_6),(v_4,v_6),(v_3,v_7)\}$	

7.4.2 Kruskal 算法

Kruskal 算法是一种按照网中边的权值递增的顺序构造最小生成树的方法，其基本思想是：设无向连通网为 G=(V,E)，令 G 的最小生成树为 T，其初态为 T=(V,{})，即开始时，最小生成树 T 由图 G 中的 n 个顶点构成，顶点之间没有一条边，这样 T 中各顶点各自构成一个连通分量。然后，按照边的权值由小到大的顺序考察 G 的边集 E 中的各条边。若被考察的边的两个顶点属于 T 的两个不同的连通分量，则将此边作为最小生成树的边加入 T，同时把两个连通分量连接为一个连通分量；若被考察的边的两个顶点属于同一个连通分量，则舍去此边，以免造成回路，如此下去，当 T 中的连通分量的个数为 1 时，此连通分量便为 G 的一棵最小生成树。

【例 7.12】 对于图 7.15(a)所示的网，按照 Kruskal 方法构造最小生成树的过程如图 7.16 所示。

在构造过程中，按照网中边的权值由小到大的顺序不断选取当前未被选取的边集中权值最小的边。依据生成树的概念，n 个结点的生成树有 n−1 条边，反复进行上述过程，直到选取了 n−1 条边为止，就构成了一棵最小生成树。

下面介绍 Kruskal 算法的实现。

设置一个结构数组 Edges 存储网中的所有边，边的结构类型包括构成的顶点信息和边权值，定义如下：

```
#define MAXEDGE                                   //图中的最大边数
typedef struct {
  elemtype v1;
  elemtype v2;
  int cost;
} EdgeType;
EdgeType edges[MAXEDGE];
```

在结构数组 edges 中，每个分量 edges[i]代表网中的一条边，其中 edges[i].v1 和 edges[i].v2 表示该边的两个顶点，edges[i].cost 表示这条边的权值。为了方便选取当前权值最小的边，事先把数组 edges 中的各元素按照其 cost 域值按由小到大的顺序排列。对于有 n 个顶点的网，设置一个数组 father[n]，其初值为 father[i]＝－1(i＝0,1,…,n－1)，表示各个顶点在不同的连通分量上，然后依次取出 edges 数组中的每条边的两个顶点，查找它们所属的连通分量，假设 vf_1 和 vf_2 为两个顶点所在的树的根结点在 father 数组中的序号，若 $vf_1 \neq vf_2$，则表明这条边的两个顶点不属于同一分量，则将这条边作为最小生成树的边输出，并合并它们所属的两个连通分量(图 7.18)。

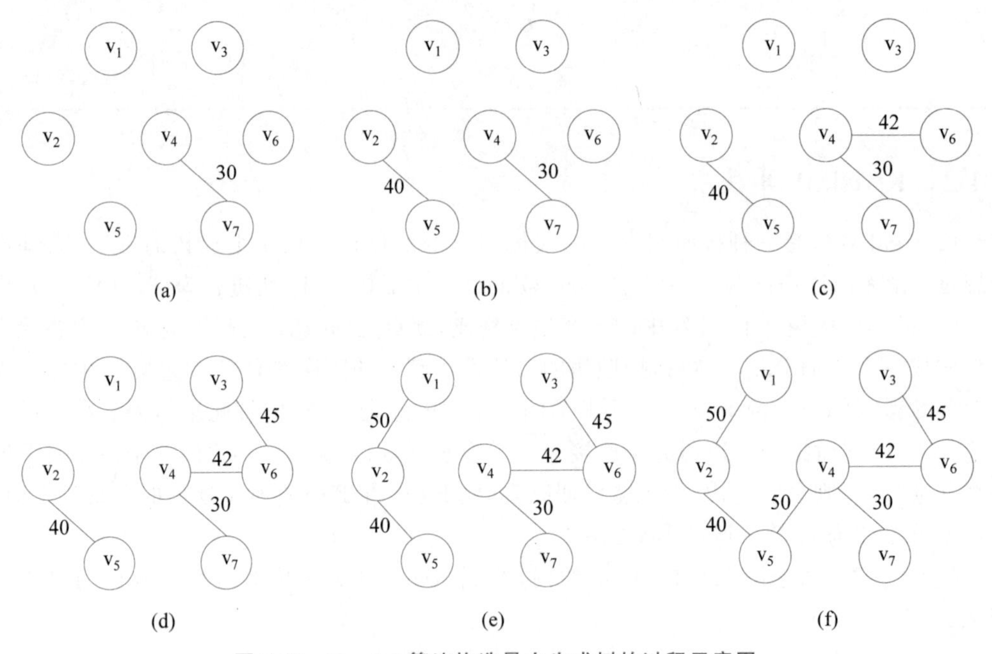

图 7.18　Kruskal 算法构造最小生成树的过程示意图

下面用 C 语言实现 Kruskal 算法(算法 7.10)。在程序中，将顶点的数据类型定义成整型，而在实际应用中，可依据实际需要设定。

【算法 7.10】

```
typedef int elemtype;
typedef struct {
```

```
    elemtype v1;
    elemtype v2;
    int cost;
}EdgeType;
void Kruskal(EdgeType edges[ ],int n)
//用 Kruskal 方法构造有 n 个顶点的图 edges 的最小生成树
{ int father[MAXEDGE];
  int i,j,vf1,vf2;
  for (i=0;i<n;i++) father[i]=-1;
  i=0;j=0;
  while(i<MAXEDGE && j<n-1)
  { vf1=Find(father,edges[i].v1);
    //查找顶点 v1 所在的树的根结点在 father 数组中的序号
    vf2=Find(father,edges[i].v2);
    //查找顶点 v2 所在的树的根结点在 father 数组中的序号
    if (vf1!=vf2)
    { father[vf2]=vf1;                                    //合并连通分量
      j++;
      printf("%3d%3d\n",edges[i].v1,edges[i].v2);     //输出边(v1,v2)
    }
    i++;
  }
}                                                         //Kruskal
```

其中,函数 Find()的作用是寻找图中顶点所在树的根结点在数组 father 中的序号。该函数可定义如下:

```
int Find(int father[ ],int v)                            //寻找顶点 v 所在树的根结点
{ int t;
  t=v;
  while(father[t]>=0)
    t=father[t];
  return(t);
}
```

在 Kruskal 算法中,第二个 while 循环是影响时间效率的主要操作,其循环次数最多为 MAXEDGE 次,其内部调用的 Find()函数的内部循环次数最多为 n,所以 Kruskal 算法的时间复杂度为 O(n · MAXEDGE)。

7.5 拓扑排序

1. AOV 网(Activity on Vertex Network)

所有的工程或者某种流程都可以分为若干小的工程或阶段,这些小的工程或阶段就

称为活动。若以图中的顶点表示活动,有向边表示活动之间的优先关系,则这样活动在顶点上的有向图称为AOV网。在AOV网中,若从顶点i到顶点j之间存在一条有向路径,则称顶点i是顶点j的前驱,顶点j是顶点i的后继。若＜i,j＞是图中的弧,则称顶点i是顶点j的直接前驱,顶点j是顶点i的直接后驱。

AOV网中的弧表示活动之间存在的制约关系。例如,计算机专业的学生必须完成一系列规定的基础课和专业课才能毕业。学生应按照怎样的顺序学习这些课程呢?这个问题可以看作一个大的工程,其活动就是学习每一门课程。这些课程的名称与相应代号如表7.2所示。

表7.2　计算机专业的课程设置及其关系

课程代号	课程名	先行课程代号	课程代号	课程名	先行课程代号
C1	程序设计导论	无	C8	算法分析	C3
C2	数值分析	C1,C13	C9	高级语言	C3,C4
C3	数据结构	C1,C13	C10	编译系统	C9
C4	汇编语言	C1,C12	C11	操作系统	C10
C5	自动机理论	C13	C12	解析几何	无
C6	人工智能	C3	C13	微积分	C12
C7	机器原理	C13			

表7.2中,C1、C12是独立于其他课程的基础课,而有的课却需要先行课程,例如,学完“程序设计导论”和“数值分析”后才能学“数据结构”,先行条件规定了课程之间的优先关系。这种优先关系可以用图7.19所示的有向图表示。其中,顶点表示课程,有向边表示前提条件。若课程i为课程j的先行课,则必然存在有向边＜i, j＞。在安排学习顺序时,必须保证在学习某门课之前已经学习了其先行课程。

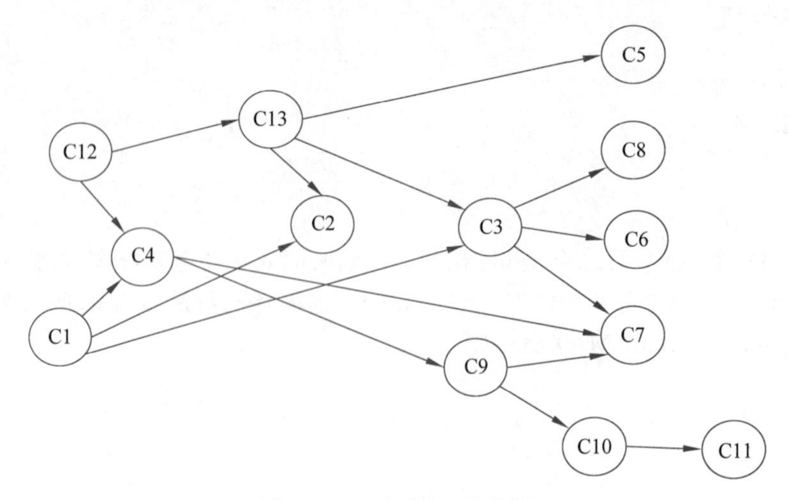

图7.19　一个AOV网实例

类似 AOV 网的例子还有很多，例如大家熟悉的计算机程序，任何一个可执行程序也可以划分为若干程序段（或若干语句），由这些程序段组成的流程图也是一个 AOV 网。

2. 拓扑排序

首先复习一下离散数学中的偏序集合与全序集合这两个概念。

若集合 A 中的二元关系 R 是自反的、非对称的和传递的，则 R 是 A 上的偏序关系。集合 A 与关系 R 并称为一个偏序集合。

若 R 是集合 A 上的一个偏序关系，如果对每个 a、b∈A 必有 aRb 或 bRa，则 R 是 A 上的全序关系。集合 A 与关系 R 并称为一个全序集合。

偏序关系经常出现在日常生活中。例如，若把 A 看成一项大的工程必须完成的一批活动，则 aRb 意味着活动 a 必须在活动 b 之前完成。例如，对于前面提到的计算机专业的学生必修的基础课与专业课，由于课程之间的先后依赖关系，某些课程必须在其他课程以前讲授，这里的 aRb 就意味着课程 a 必须在课程 b 之前学完。

AOV 网代表的一项工程中的活动集合显然是一个偏序集合。为了保证该项工程得以顺利完成，必须保证 AOV 网中不出现回路；否则意味着某项活动应以自身作为能否开展的先决条件，这是荒谬的。

测试 AOV 网是否具有回路（是否是一个有向无环图）的方法就是在 AOV 网的偏序集合下构造一个线性序列，该线性序列具有以下性质：

(1) 在 AOV 网中，若顶点 i 优先于顶点 j，则在线性序列中顶点 i 仍然优先于顶点 j；

(2) 对于网中原来没有优先关系的顶点与顶点，如图 7.26 中的 C1 与 C13，在线性序列中也建立一个先后关系，或者顶点 i 优先于顶点 j，或者顶点 j 优先于 i。

满足这样性质的线性序列称为拓扑有序序列，构造拓扑序列的过程称为拓扑排序。也可以说，拓扑排序就是由某个集合上的一个偏序得到该集合上的一个全序的操作。

若某个 AOV 网中所有顶点都在它的拓扑序列中，则说明该 AOV 网不会存在回路，这时的拓扑序列集合是 AOV 网中所有活动的一个全序集合。以图 7.26 中的 AOV 网为例，可以得到不止一个拓扑序列，C1、C12、C4、C13、C5、C2、C3、C9、C7、C10、C11、C6、C8 就是其中之一。显然，对于任何一项工程中各个活动的安排，必须按拓扑有序序列中的顺序进行才是可行的。

3. 拓扑排序算法

对 AOV 网进行拓扑排序的方法和步骤是：

(1) 从 AOV 网中选择一个没有前驱的顶点（该顶点的入度为 0）并且输出它；

(2) 从网中删去该顶点，并且删去从该顶点发出的全部有向边；

(3) 重复上述两步，直到剩余的网中不再存在没有前驱的顶点为止。

这样操作的结果有两种：一种是网中全部顶点都被输出，这说明网中不存在有向回路；另一种是网中顶点未被全部输出，剩余的顶点均不是前驱顶点，这说明网中存在有向回路。

【例 7.13】 图 7.20 给出了在一个 AOV 网上进行拓扑排序的例子。

这样即可得到一个拓扑序列：v_2，v_5，v_1，v_4，v_3，v_7，v_6。

下面给出用 C 语言描述的拓扑排序算法的实现（算法 7.11）。

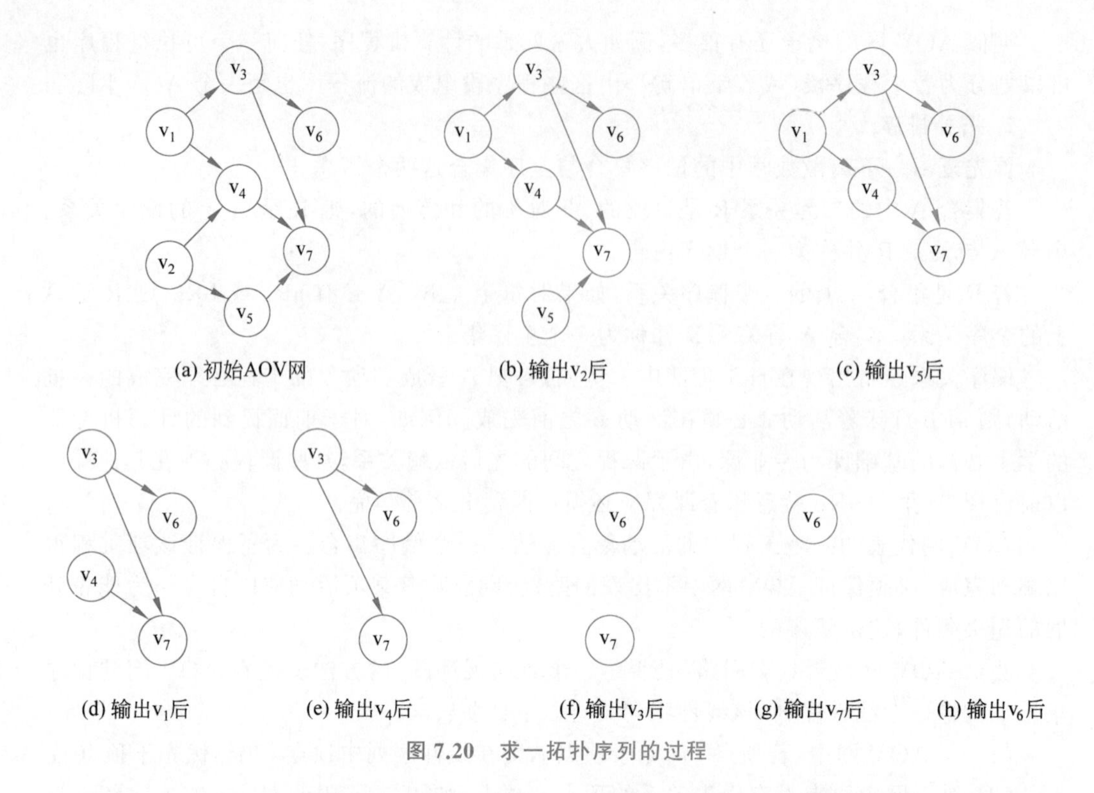

(a) 初始AOV网　(b) 输出v_2后　(c) 输出v_5后　(d) 输出v_1后　(e) 输出v_4后　(f) 输出v_3后　(g) 输出v_7后　(h) 输出v_6后

图 7.20　求一拓扑序列的过程

从上面的步骤可以看出，栈在这里的作用只是起到一个保存当前入度为 0 的顶点，并使之处理有序。这种有序可以是后进先出，也可以是先进先出，故也可用队列辅助实现。在下面给出的用 C 语言描述的拓扑排序的算法实现中，采用栈存放当前未处理过的入度为 0 的结点，但并不需要额外增设栈的空间，而是设一个栈顶位置的指针将当前所有未处理的入度为 0 的结点连接起来，形成一个链式栈。

【算法 7.11】

```
void Topo_Sort (AlGraph * G)
{ //对以带入度的邻接表为存储结构的图 G,输出其一种拓扑序列
  int  top = -1;                                   //栈顶指针初始化
  for (i=0;i<n;i++)                                //依次将入度为 0 的顶点压入链式栈
  { if ( G->adjlist[i]. Count = = 0)
    { G->adjlist[i].count = top;
      top = i;
    }
  }
  for (i=0;i<n;i++)
  { if (top= -1)
    { printf("The network has a cycle");
      return;
    }
```

```
    j=top;
    top=G->adjlist[top].count;                    //从栈中退出一个顶点并输出
    printf("% c",G->adjlist[j].vertex);
    ptr=G->adjlist[j].firstedge;
    while (ptr!=null)
    { k=ptr->adjvex;
      G->adjlist[k].count--;                      //当前输出顶点邻接点的入度减 1
      if(G->adjlist[k].count= =0)                 //新的入度为 0 的顶点进栈
      { G->adjlist[k].count =top;
        top=k;
      }
      ptr=ptr->next;                              //找到下一个邻接点
    }
  }
}                                                 //Topo_Sort
```

对一个具有 n 个顶点、e 条边的网来说,整个算法的时间复杂度为 O(e+n)。

7.6 关键路径

1. AOE 网(Activity on Edge Network)

若在带权的有向图中以顶点表示事件,以有向边表示活动,边上的权值表示活动的开销(如该活动持续的时间),则此带权的有向图称为 AOE 网。

如果用 AOE 网来表示一项工程,那么仅仅考虑各个子工程之间的优先关系还不够,还要关心整个工程完成的最短时间是多少;哪些活动的延期将会影响整个工程的进度,而加速这些活动是否会提高整个工程的效率。因此,通常在 AOE 网中列出完成预定工程计划所需进行的活动,每个活动计划完成的时间,要发生哪些事件以及这些事件与活动之间的关系,从而确定该项工程是否可行,估算工程完成的时间以及确定哪些活动是影响工程进度的关键。

AOE 网具有以下两个性质:

(1) 只有在某顶点代表的事件发生后,从该顶点出发的各有向边代表的活动才能开始;

(2) 只有在进入某顶点的各有向边代表的活动都已经结束后,该顶点代表的事件才能发生。

【例 7.14】 图 7.21 给出了一个具有 15 个活动、11 个事件的假想工程的 AOE 网。$v_1, v_2, \cdots, v_{11}$分别表示一个事件;$<v_1, v_2>$,$<v_1, v_3>$,…,$<v_{10}, v_{11}>$分别表示一个活动;用 $a_1, a_2, \cdots, a_{15}$代表这些活动。其中,v_1 称为源点,是整个工程的开始点,其入度为 0;v_{11}为终点,是整个工程的结束点,其出度为 0。

对于 AOE 网,可采用与 AOV 网一样的邻接表存储方式。其中,邻接表中边结点的域为该边的权值,即该有向边代表的活动持续的时间。

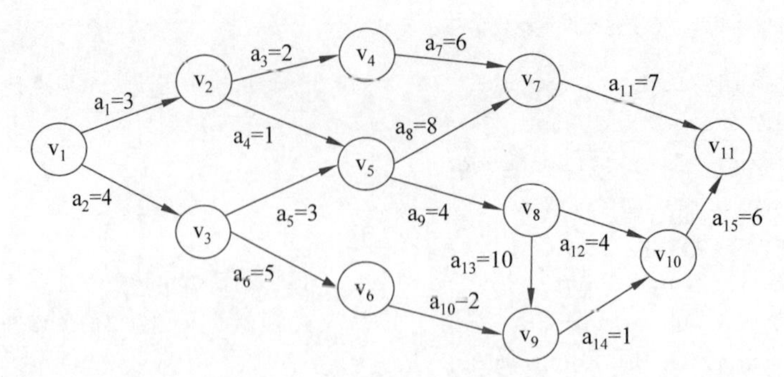

图 7.21 一个 AOE 网实例

2. 关键路径

由于 AOE 网中的某些活动能够同时进行，所以完成整个工程必须花费的时间应为源点到终点的最大路径长度(这里的路径长度是指该路径上的各个活动所需时间之和)。具有最大路径长度的路径称为关键路径。关键路径上的活动称为关键活动。关键路径长度是整个工程所需的最短工期。也就是说，要缩短整个工期，必须加快关键活动的进度。

利用 AOE 网进行工程管理时需要解决的主要问题是：

(1) 计算完成整个工程的最短路径；

(2) 确定关键路径，以找出哪些活动是影响工程进度的关键。

3. 关键路径的确定

为了在 AOE 网中找出关键路径，需要定义几个参量，并且说明其计算方法。

1) 事件的最早发生时间 ve[k]

ve[k]是指从源点到顶点的最大路径长度代表的时间。这个时间决定了所有从顶点发出的有向边代表的活动能够开工的最早时间。根据 AOE 网的性质，只有进入 v_k 的所有活动 $<v_j, v_k>$ 都结束时，v_k 代表的事件才能发生；而活动 $<v_j, v_k>$ 的最早结束时间为 $ve[j]+dut(<v_j, v_k>)$。所以计算 v_k 发生的最早时间的方法如下：

$$ve[1]=0$$

$$ve[k]=Max\{ve[j]+dut(<v_j, v_k>)\} \quad <v_j, v_k> \in p[k]$$

其中，p[k]表示所有到达 v_k 的有向边的集合；$dut(<v_j, v_k>)$ 为有向边 $<v_j, v_k>$ 上的权值。

2) 事件的最迟发生时间 vl[k]

vl[k]是指在不推迟整个工期的前提下事件 v_k 允许的最晚发生时间。设有向边 $<v_k, v_j>$ 代表从 v_k 出发的活动，为了不拖延整个工期，v_k 发生的最迟时间必须保证不推迟从事件 v_k 出发的所有活动 $<v_k, v_j>$ 的终点 v_j 的最迟时间 vl[j]。vl[k]的计算方法如下：

$$vl[n]=ve[n]$$

$$vl[k]=Min\{v_l[j]-dut(<v_k-v_j>)\} \quad <v_k, v_j> \in s[k]$$

其中，s[k]为所有从 v_k 发出的有向边的集合。

3）活动 a_i 的最早开始时间 e[i]

若活动 a_i 由弧 $<v_k, v_j>$ 表示，根据AOE网的性质，只有事件 v_k 发生了，活动 a_i 才能开始。也就是说，活动 a_i 的最早开始时间应等于事件 v_k 的最早发生时间。因此有

$$e[i]=v_e[k]$$

4）活动 a_i 的最晚开始时间 l[i]

活动 a_i 的最晚开始时间指在不推迟整个工程完成日期的前提下必须开始的最晚时间。若由弧 $<v_k, v_j>$ 表示，则 a_i 的最晚开始时间要保证事件 v_j 的最迟发生时间不拖后。因此有

$$l[i]=vl[j]-dut(<v_k, v_j>)$$

根据每个活动的最早开始时间 e[i]和最晚开始时间 l[i]即可判定该活动是否为关键活动，即 l[i]=e[i]的活动就是关键活动，而 l[i]>e[i]的活动则不是关键活动，l[i]−e[i]的值为活动的时间余量。关键活动确定之后，关键活动所在的路径就是关键路径。

【例7.15】 下面以图7.20所示的AOE网为例，求出上述参量，以确定该网的关键活动和关键路径。

首先，求出事件的最早发生时间 $v_e[k]$，代码如下。

```
ve (1)=0
ve (2)=3
ve (3)=4
ve (4)=ve(2)+2=5
ve (5)=max{ve(2)+1,ve(3)+3}=7
ve (6)=ve(3)+5=9
ve (7)=max{ve(4)+6,ve(5)+8}=15
ve (8)=ve(5)+4=11
ve (9)=max{ve(8)+10,ve(6)+2}=21
ve (10)=max{ve(8)+4,ve(9)+1}=22
ve (11)=max{ve(7)+7,ve(10)+6}=28
```

其次，求出事件的最迟发生时间 $v_l[k]$：

```
vl (11)= ve (11)=28
vl (10)= vl (11)-6=22
vl (9)= vl (10)-1=21
vl (8)=min{ vl (10)-4, vl (9)-10}=11
vl (7)= vl (11)-7=21
vl (6)= vl (9)-2=19
vl (5)=min{ vl (7)-8,vl (8)-4}=7
vl (4)= vl (7)-6=15
vl (3)=min{ vl (5)-3, vl (6)-5}=4
vl (2)=min{ vl (4)-2, vl (5)-1}=6
vl (1)=min{vl (2)-3, vl (3)-4}=0
```

再次，求出活动 a_i 的最早开始时间 e[i]和最晚开始时间 l[i]。

```
活动 a1        e (1)=ve (1)=0         l (1)=vl (2) -3 =3
活动 a2        e (2)=ve (1)=0         l (2)=vl (3) - 4=0
活动 a3        e (3)=ve (2)=3         l (3)=vl (4) - 2=13
活动 a4        e (4)=ve (2)=3         l (4)=vl (5) - 1=6
活动 a5        e (5)=ve (3)=4         l (5)=vl (5) - 3=4
活动 a6        e (6)=ve (3)=4         l (6)=vl (6) - 5=14
活动 a7        e (7)=ve (4)=5         l (7)=vl (7) - 6=15
活动 a8        e (8)=ve (5)=7         l (8)=vl (7) - 8=13
活动 a9        e (9)=ve (5)=7         l (9)=vl (8) - 4=7
活动 a10       e (10)=ve (6)=9        l (10)=vl (9) - 2=19
活动 a11       e (11)=ve (7)=15       l (11)=vl (11) - 7=21
活动 a12       e (12)=ve (8)=11       l (12)=vl (10) - 4=18
活动 a13       e (13)=ve (8)=11       l (13)=vl (9) - 10=11
活动 a14       e (14)=ve (9)=21       l (14)=vl (10) -1=21
活动 a15       e (15)=ve (10)=22      l (15)=vl (11) -6 =22
```

最后，比较 e[i]和 l[i]的值，可判断出 a_2，a_5，a_9，a_{13}，a_{14}，a_{15} 是关键活动，关键路径如图 7.22 所示。

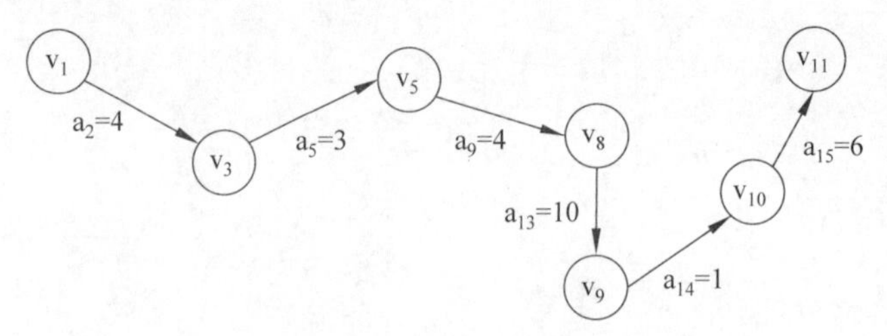

图 7.22　一个 AOE 网实例

由上述方法得到求关键路径的算法步骤为：

(1) 输入 e 条弧<j,k>，建立 AOE 网的存储结构；

(2) 从源点 v_0 出发，令 ve[0]=0，按拓扑有序求其余各顶点的最早发生时间 ve[i]($1 \leqslant i \leqslant n-1$)。如果得到的拓扑有序序列中顶点个数小于网中顶点数 n，则说明网中存在环，不能求关键路径，算法终止；否则执行步骤(3)；

(3) 从终点 v_n 出发，令 vl[n−1]=ve[n−1]，按逆拓扑有序求其余各顶点的最迟发生时间 vl[i]($n-2 \geqslant i \geqslant 2$)；

(4) 根据各顶点的 ve 和 vl 值，求每条弧 s 的最早开始时间 e(s)和最迟开始时间 1(s)。若某条弧满足条件 e(s)=l(s)，则为关键活动。

由该步骤得到的算法可参看算法 7.12 和算法 7.13。在算法 7.12 中，Stack 为栈的存储类型；引用的函数 FindInDegree(G, indegree) 用来求图 G 中各顶点的入度，并将所求的入度存放于一维数组 indegree。

【算法 7.12】

```
int topologicalOrder(ALGraph G,Stack T)
{ //有向网 G 采用邻接表存储结构,求各顶点事件的最早发生时间 ve(全局变量)
  //T 为拓扑序列顶点栈,S 为零入度顶点栈
  //若 G 无回路,则用栈 T 返回 G 的一个拓扑序列,且函数值为 OK,否则为 ERROR
  FindInDegree(G, indegree);                //对各顶点求入度 indegree[0..vernum-1]
  InitStack(S);                             //建零入度顶点栈 S
  count = 0;  ve[0..G.vexnum-1] = 0;        //初始化 ve[ ]
  for (i=0; i<G.vexnum; i++)                //将初始时入度为 0 的顶点入栈
  {if (indegree[i]==0)  push(S,i); }
  while (!StackEmpty(S)) {
    Pop (S,j);  Push (T,j);  ++ count;      //j 号顶点入 T 栈并计数
    for (p=G.adjlist[j].firstedge; p; p=p->next)
    { k = p->adjvex;                        //对 j 号顶点的每个邻接点的入度减 1
      if(- - indegree[k] = = 0)  Push(S,k); //若入度减为 0, 则入栈
      if (ve[j]+ * (p->info)>ve[k])
          ve[k] = ve[j]+ * (p->info);
    }
  }
  if (count<G. vexnum)  return 0;           //若该有向网有回路则返回 0,否则返回 1
  else return 1;
}                                           //TopologicalOrder
```

【算法 7.13】

```
int Criticalpath(ALGraph G)
{ //G 为有向网,输出 G 的各项关键活动
  InitStack(T);                               //建立用于产生拓扑逆序的栈 T
  if (! TopologicalOrder (G,T) )  return 0;   //该有向网有回路返回 0
  vl[0..G.vexnum-1] = ve [G.vexnum-1];        //初始化顶点事件的最迟发生时间
  while (! StackEmpty (T) )                   //按拓扑逆序求各顶点的 vl 值
    for (Pop(T,j), p=G. adjlist[j].firstedge; p; p=p->next)
    { k=p->adjvex;  dut = * (p->info);
      if ( vl [k]-dut < vl [j] )  vl [j] = vl [k] - dut;
    }
    for ( j=0; j<G. vexnum; + +j)             //求 e、l 和关键活动
    for (p=G.adjlist [j].firstedge; p; p = p->next)
    { k = p->adjvex;  dut= * (p->indo);
      e = ve [j];l = vl [k] - dut;
      tag = (e= =l) ? '*':'' ;
      printf ( j,k,dut,e,l,tag );             //输出关键活动
    }
```

```
    return 1;                                    //求出关键活动后返回 1
}                                                //Criticalpath
```

对一个具有 n 个顶点、e 条边的网来说，总的求关键路径的时间复杂度为 O(e+n)。

7.7 最短路径

最短路径问题是图的又一个比较典型的应用问题。例如，某一地区的一个公路网，给定了该网内的 n 个城市以及这些城市之间的相连公路的距离，能否找到城市 A 到城市 B 之间的一条距离最近的通路呢？如果将城市用点表示，城市间的公路用边表示，公路的长度作为边的权值，那么这个问题就可归结为在网图中求点 A 到点 B 的所有路径中边的权值之和最短的一条路径，这条路径就是两点之间的最短路径，并称路径上的第一个顶点为源点(Sourse)，最后一个顶点为终点(Destination)。在非网图中，最短路径是指两点之间经历的边数最少的路径。下面讨论两种常见的最短路径问题。

7.7.1 单源点最短路径

单源点的最短路径问题：给定带权有向图 G=(V,E)和源点 v∈V，求从 v 到 G 中其余各顶点的最短路径。在下面的讨论中，假设源点为 v_0。

Dijkstra 提出了一个按路径长度递增的次序产生最短路径的算法，该算法的基本思想是：设置两个顶点的集合 S 和 T=V-S，集合 S 中存放已找到最短路径的顶点，集合 T 存放当前还未找到最短路径的顶点。初始状态时，集合 S 中只包含源点 v_0，然后不断从集合 T 中选取到顶点 v_0 路径长度最短的顶点 u 并加入集合 S，集合 S 每加入一个新的顶点 u，都要修改顶点 v_0 到集合 T 中剩余顶点的最短路径长度值，集合 T 中各顶点新的最短路径长度值为原来的最短路径长度值与顶点 u 的最短路径长度值加上 u 到该顶点的路径长度值中的较小值。此过程不断重复，直到集合 T 的顶点全部加入 S 为止。

Dijkstra 算法的实现步骤如下。

首先，引进一个辅助向量 D，它的每个分量 D[i] 表示当前找到的从始点 v 到每个终点 v_i 的最短路径的长度，它的初态为：若从 v 到 v_i 有弧，则 D[i]为弧上的权值；否则置 D[i]为∞。显然，长度为

$$D[j]=\mathrm{Min}\{D[i] \mid v_i \in V\}$$

的路径就是从 v 出发的长度最短的一条最短路径。此路径为(v,v_j)。

那么，下一条长度次短的最短是哪一条呢？假设该次短路径的终点是 v_k，可想而知，这条路径或者是(v,v_k)，或者是(v,v_j,v_k)。它的长度或者是从 v 到 v_k 的弧上的权值，或者是 D[j]和从 v_j 到 v_k 的弧上的权值之和。

依据前面介绍的算法思想，在一般情况下，下一条长度次短的最短路径的长度必是

$$D[j]=\mathrm{Min}\{D[i] \mid v_i \in V-S\}$$

其中，D[i]或者是弧(v,v_i)上的权值，或者是 $D[k]v_k \in S$ 和弧(v_k,v_i)上的权值之和。

根据以上分析，可以得到如下描述的算法。

(1) 假设用带权的邻接矩阵 edges 表示带权有向图，edges[i][j]表示弧<v_i,v_j>上的权值。若<v_i,v_j>不存在，则置 edges[i][j]为∞(在计算机上可用允许的最大值代替)。S 为已找到从 v 出发的最短路径的终点的集合，它的初始状态为空集。那么，从 v 出发到图上其余各顶点(终点)v_i 可能达到最短路径长度的初值为

$$D[i] = edges[Locate\ Vex(G,v)][i] \quad v_i \in V$$

(2) 选择 v_j，使得

$$D[j] = Min\{D[i] \mid v_i \in V - S\}$$

v_j 就是当前求得的一条从 v 出发的最短路径的终点。令

$$S = S \cup \{j\}$$

(3) 修改从 v 出发到集合 V－S 上任一顶点 v_k 可达的最短路径长度。如果

$$D[j] + edges[j][k] < D[k]$$

则修改 D[k]为

$$D[k] = D[j] + edges[j][k]$$

重复操作(2)、(3)共 n－1 次，由此求得从 v 到图上其余各顶点的最短路径是依路径长度递增的序列。

算法 7.14 为用 C 语言描述的 Dijkstra 算法。

【算法 7.14】

```
void ShortestPath_1(Mgraph G,int v0,PathMatrix *p, ShortPathTable *D)
{ //用 Dijkstra 算法求有向网 G 的 v0 顶点到其余顶点 v 的最短路径 P[v]及其路径长度
  //D[v],若 P[v][w]为 TRUE,则 w 是从 v0 到 v 当前求得最短路径上的顶点
  //final[v]为 TRUE 当且仅当 v∈S,即已经求得从 v0 到 v 的最短路径
  //常量 INFINITY 为边上权值可能的最大值
  for (v=0;v<G.vexnum;++v)
  { final[v]=FALSE; D[v]=G.edges[v0][v];
    for (w=0; w<G.vexnum; ++w)  P[v][w]=FALSE;     //设空路径
    if (D[v]<INFINITY) {P[v][v0]=TRUE; P[v][w]=TRUE;}
  }
  D[v0]=0; final[v0]=TRUE;                        //初始化,v0 顶点属于 S 集
  //开始主循环,每次求得 v0 到某个 v 顶点的最短路径,并将 v 加入 S 集
  for(i=1; i<G.vexnum; ++i)                       //其余 G.vexnum-1 个顶点
  { min=INFINITY;                                 //min 为当前所知离 v0 顶点的最近距离
    for (w=0;w<G.vexnum;++w)
      if (!final[w])                              //w 顶点在 V-S 中
        if (D[w]<min) {v=w; min=D[w];}
    final[v]=TRUE                                 //离 v0 顶点最近的 v 加入 S 集
    for(w=0;w>G.vexnum;++w)                       //更新当前最短路径
      if (!final[w]&&(min+G.edges[v][w]<D[w]))    //修改 D[w]和 P[w],w∈V-S
      { D[w]=min+G.edges[v][w];
        P[w]=P[v]; P[w][v]=TRUE;                  //P[w]=P[v]+P[w]
      }
```

```
    }
}                                    //ShortestPath_1
```

【例 7.16】 图 7.23 所示为一个有向网图 G8 及其带权邻接矩阵。

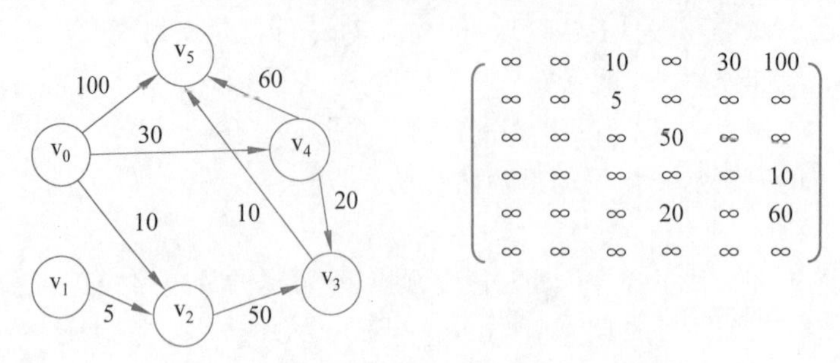

图 7.23 一个有向网图 G8 及其带权邻接矩阵

对 G8 采用 Dijkstra 算法，求得从 v_0 到其余各顶点的最短路径，以及运算过程中 D 向量的变化状况，如表 7.3 所示。

表 7.3 用 Dijkstra 算法构造单源点最短路径工程中各参数的变化示意

终点	从 v_0 到各终点的 D 值和最短路径的求解过程				
	i=1	i=2	i=3	i=4	i=5
V_1	∞	∞	∞	∞	∞ 无
V_2	10 (v_0,v_2)				
V_3	∞	60 (v_0,v_2,v_3)	50 (v_0,v_4,v_3)		
V_4	30 (v_0,v_4)	30 (v_0,v_4)			
V_5	100 (v_0,v_5)	100 (v_0,v_5)	90 (v_0,v_4,v_5)	60 (v_0,v_4,v_3,v_5)	
V_j	V2	V4	V3	V5	
S	{v_0,v_2}	{v_0,v_2,v_4}	{v_0,v_2,v_3,v_4}	{v_0,v_2,v_3,v_4,v_5}	

算法中有两个 for 循环，第一个 for 循环的时间复杂度是 O(n)，第二个 for 循环共进行 n－1 次，每次执行的时间是 O(n)，所以总的时间复杂度是 $O(n^2)$。

如果只希望找到从源点到某一个特定的终点的最短路径，但是从上面求最短路径的原理来看，这个问题和求源点到其他所有顶点的最短路径一样复杂，其时间复杂度也是 $O(n^2)$。

7.7.2 每对顶点之间的最短路径

解决这个问题的一个办法是：每次以一个顶点为源点，重复执行 Dijkstra 算法。这样，便可求得每对顶点之间的最短路径，总的执行时间为 $O(n^3)$。

下面介绍由 Floyd 提出的另一个算法，这个算法的时间复杂度也是 $O(n^3)$，但形式上更简单。Floyd 算法仍从图的带权邻接矩阵 cost 出发，其基本思想是：假设求从顶点 v_i 到 v_j 的最短路径。如果从 v_i 到 v_j 有弧，则从 v_i 到 v_j 存在一条长度为 edges[i][j]的路径，该路径不一定是最短路径，尚需进行 n 次试探。首先考虑路径(v_i,v_0,v_j)是否存在(判别弧(v_i,v_0)和(v_0,v_j)是否存在)。如果存在，则比较(v_i,v_j)和(v_i,v_0,v_j)的路径长度，取长度较短者为从 v_i 到 v_j 的中间顶点的序号不大于 0 的最短路径。假如在路径上再增加一个顶点 v_1，也就是说，如果(v_i,…,v_1)和(v_1,…,v_j)分别是当前找到的中间顶点的序号不大于 0 的最短路径，那么(v_i,…,v_1,…,v_j)就有可能是从 v_i 到 v_j 的中间顶点的序号不大于 1 的最短路径，将它和已经得到的从 v_i 到 v_j 中间顶点序号不大于 0 的最短路径相比较，从中选出中间顶点的序号不大于 1 的最短路径之后，再增加一个顶点 v_2，继续进行试探，以此类推。在一般情况下，若(v_i,…,v_k)和(v_k,…,v_j)分别是从 v_i 到 v_k 和从 v_k 到 v_j 的中间顶点的序号不大于 k−1 的最短路径，则将(v_i,…,v_k,…,v_j)和已经得到的从 v_i 到 v_j 且中间顶点序号不大于 k−1 的最短路径相比较，其长度较短者便是从 v_i 到 v_j 的中间顶点的序号不大于 k 的最短路径。这样，在经过 n 次比较后，最后求得的必是从 v_i 到 v_j 的最短路径。

按此方法，可以同时求得各对顶点间的最短路径。

现定义一个 n 阶方阵序列。

$$D^{(-1)}, D^{(0)}, D^{(1)}, \cdots, D^{(k)}, D^{(n-1)}$$

其中，

$$D^{(-1)}[i][j] = edges[i][j]$$

$$D^{(k)}[i][j] = \mathrm{Min}\{D^{(k-1)}[i][j],\ D^{(k-1)}[i][k] + D^{(k-1)}[k][j]\} \quad 0 \leqslant k \leqslant n-1$$

从上述计算公式可见，$D^{(1)}[i][j]$是从 v_i 到 v_j 的中间顶点的序号不大于 1 的最短路径的长度；$D^{(k)}[i][j]$是从 v_i 到 v_j 的中间顶点的不大于 k 的最短路径的长度；$D^{(n-1)}[i][j]$就是从 v_i 到 v_j 的最短路径的长度。

由此得到求任意两个顶点间的最短路径的算法(算法 7.15)。

【算法 7.15】

```
void ShortestPath_2 (Mgraph G, PathMatrix * P[],DistancMatrix * D)
{ //用 Floyd 算法求有向网 G 中各对顶点 v 和 w 之间的最短路径 P[v][w]及其带权长度 D[v][w]
  //若 P[v][w][u]为 TRUE,则 u 是从 v 到 w 当前求得的最短路径上的顶点
  for(v=0;v<G.vexnum;++v)                    //各对顶点之间初始已知路径及距离
    for(w=0;w<G,vexnum;++w)
    { D[v][w]=G.arcs[v][w];
      for(u=0;u<G,vexnum;++u)  P[v][w][u]=FALSE;
      if (D[v][w]<INFINITY)                  //从 v 到 w 有直接路径
      { P[v][w][v]=TRUE;
      }
    }
  for(u=0; u<G.vexnum; ++u)
```

```
    for(v=0; v<G.vexnum; ++v)
      for(w=0;w<G.vexnum;++w)
        if (D[v][u]+D[u][w]<D[v][w])          //从 v 经 u 到 w 的一条路径更短
        { D[v][w]=D[v][u]+D[u][w];
          for(i=0;i<G.vexnum;++i)
          P[v][w][i]=P[v][u][i]||P[u][w][i];
        }
}                                             //ShortestPath_?
```

【例 7.17】 图 7.24 给出了一个简单的有向网及其邻接矩阵。图 7.25 给出了用 Floyd 算法求该有向网中每对顶点之间的最短路径过程中数组 D 和数组 P 的变化情况。

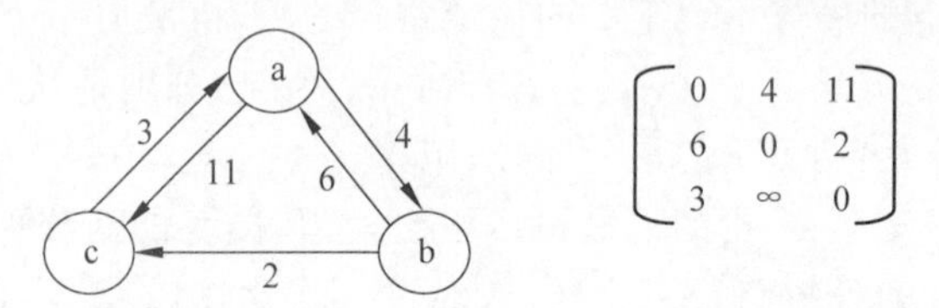

图 7.24 一个有向网图 G9 及其邻接矩阵

$$D^{(-1)}=\begin{bmatrix}0&4&11\\6&0&2\\3&\infty&0\end{bmatrix}\quad D^{(0)}=\begin{bmatrix}0&4&11\\6&0&2\\3&7&0\end{bmatrix}\quad D^{(1)}=\begin{bmatrix}0&4&6\\6&0&2\\3&7&0\end{bmatrix}\quad D^{(2)}=\begin{bmatrix}0&4&6\\5&0&2\\3&7&0\end{bmatrix}$$

$$P^{(-1)}=\begin{bmatrix}ab&ac\\ba&bc\\ca&\end{bmatrix}\quad P^{(0)}=\begin{bmatrix}ab&ac\\ba&bc\\ca&cab\end{bmatrix}\quad P^{(1)}=\begin{bmatrix}ab&abc\\ba&bc\\ca&cab\end{bmatrix}\quad P^{(2)}=\begin{bmatrix}ab&abc\\bca&bc\\ca&cab\end{bmatrix}$$

图 7.25 Floyd 算法执行时数组 D 和 P 取值变化的示意图

7.8 本章小结

图是一种比树状结构更复杂的非线性数据结构。在图状结构中,任意两个结点之间都可能相关,即结点之间的邻接关系可以是任意的。

图通常分为无向图和有向图,图在计算机中存储时一般采用邻接矩阵和邻接表。对于图的遍历有深度优先搜索和广度优先搜索,在求最小生成树时,一般采用 Prim 算法和 Kruskal 算法。在图的实际应用中,可以采用拓扑排序算法求拓扑排序序列、计算关键路径和最短路径。

习 题 7

一、选择题

1. 在有向图中,每个顶点的度等于该顶点的(   )。

A. 入度　　B. 出度
C. 入度与出度之和　　D. 入度与出度之差

2. 图的深度优先搜索类似于树的(　　)遍历。
A. 先根　　B. 中根　　C. 后根　　D. 层次

二、问答题

1. 图的定义是什么？有向图和无向图有什么区别？
2. 图通常采用哪些存储结构？
3. 图的遍历方式有哪几种？
4. n个顶点的完全有向图含有弧的数目是多少？

三、应用题

1. 已知一个有向图如图7.26所示，试：
(1) 画出该图的邻接矩阵和邻接表；
(2) 按照拓扑排序算法写出可能得到的拓扑序列。

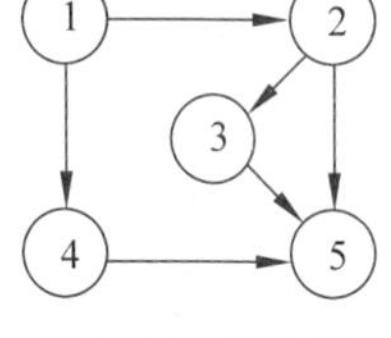

图7.26　有向图

2. 已知一网图如图7.27所示，试：
(1) 计算该图每个顶点的度。
(2) 分别用Prim算法和Kruskal算法画出最小生成树的生长过程。

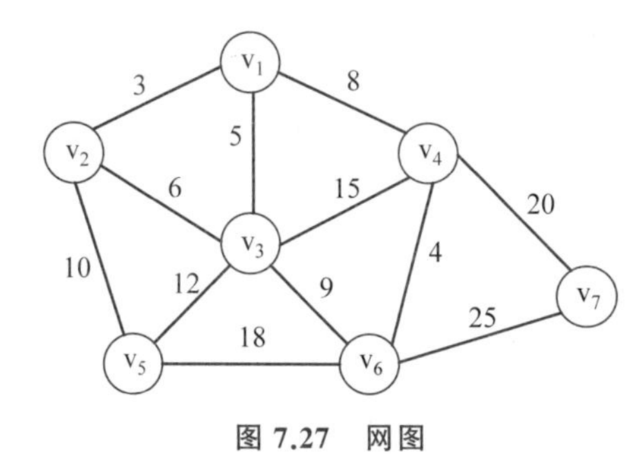

图7.27　网图

3. 确定图7.28所示的AOE网的关键路径。

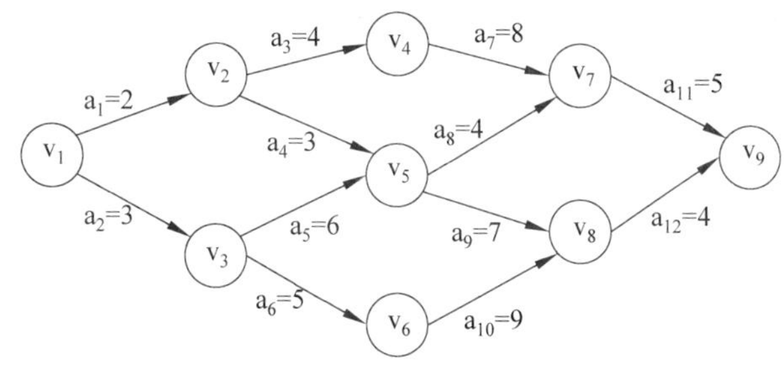

图7.28　AOE网

4. 求出图7.29所示的有向图中顶点1到其余各顶点的最短路径。

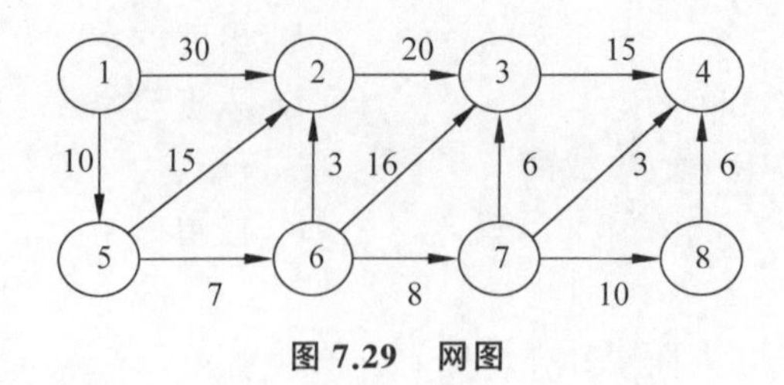

图 7.29 网图

四、算法题

1. 试写出将图的邻接矩阵转换成邻接表的算法。

2. 已知有 n 个顶点的有向图邻接表，设计算法分别实现以下功能：

(1) 求出图 G 中每个顶点的入度和出度；

(2) 求出图 G 中出度最大的一个顶点，输出其顶点序号；

(3) 计算图中度为 0 的顶点数。

五、分析题

1. 现要求从松江大学城出发，乘坐轨道交通到新江湾城，要求所用时间最短，请采用数据结构知识描述，包括轨道交通数据如何表示、如何存储、如何换乘，请描述具体算法。

2. 已知一个公路网，该网内有 n 个城市以及这些城市之间相连的公路，将城市用结点表示，城市间的公路用边表示。要求从某一城市出发，对公路网内的 n 个城市都访问一次。试根据题目的含义分析解决问题采用的数据结构是什么？采用什么算法完成任务？要求用文字描述算法。

第8章 查找

本章学习目标

- 理解查找操作、查找表和平均查找长度的概念；
- 熟练掌握静态查找表上的顺序查找、折半查找算法，理解分块查找方法；
- 了解二叉排序树的概念，掌握二叉排序树各种操作的实现算法；
- 了解平衡二叉树的概念，掌握平衡二叉树的调整方法；
- 理解散列表的概念，熟练掌握采用开放定址法和链地址法解决散列表的冲突问题。

本章主要介绍静态查找表、动态查找表和散列表的不同查找方法。

8.1 查找表

第2～7章已经介绍了各种线性或非线性的数据结构，本章将讨论另一种在实际应用中经常使用的数据结构——查找表。

查找表由同一类型的数据元素构成，在查找表的结构中，每个数据元素称为查找对象。查找表中的每个数据元素都有若干属性，能标识该元素的称为关键字。其中，应当有一个属性，其值可以唯一地标识这个数据元素，这个属性称为主关键字，其他属性则称为次关键字。

查找是指在数据元素集合中查找满足某种条件的数据元素。如果存在，则查找成功，反之，则查找失败。若按主关键字查找，则查找结果是唯一的；若按次关键字查找，则查找结果可能不唯一。

查找表一般有三种表示方法：静态查找表、动态查找表和散列表。本章中，静态查找表上的查找方法主要介绍顺序查找、折半查找和分块查找。动态查找表上的查找方法主要介绍二叉排序树和平衡二叉树，散列表上的查找方法主要介绍散列技术。

8.2 静态查找表

静态查找表的特点是表结构一旦建立，就不能再对其进行插入和删除操作，查找过程中，表结构不会发生任何变化。

静态查找表有不同的表示方法，在不同的表示方法中，实现查找操作的方法也不同。静态查找表主要以顺序表作为组织结构，它的类型说明如下：

```
typedef rectype SeqList[n+1];
typedef struct
      {int key;                              //关键字域
        …                                    //其他域
      }rectype
```

8.2.1 顺序查找

查找是静态查找表上基本的查找方法之一。顺序查找又称线性查找，既适用于顺序表，又适用于链表。下面介绍采用顺序表的顺序查找。

1. 基本思想

顺序查找的方法是对于给定的关键字 k，从顺序表的第一个元素开始，依次向后与记录的关键字域相比较，如果某个记录的关键字等于 k，则查找成功，并给出数据元素在表中的位置；若整个表查找完毕，仍未找到与关键字 k 相等的记录，则查找失败。

2. 算法

顺序查找算法可用算法 8.1 描述。

【算法 8.1】

```
typedef rectype SeqList[n+1];               //0号单元用作监视哨
int SearchSeq(SeqList r,int k)
{ //在顺序表 r[1..n]中顺序查找关键字为 k 的结点，成功返回结点位置，失败返回 0
  r[0].key=k;   i=n;                        //设置监视哨
  while(r[i].key!=k)  i--;                  //从表尾向前查找
  return i;                                 //找不到为 0，找到为在顺序表中的位置
}                                           //SearchSeq
```

3. 性能分析

和给定值进行比较的关键字个数的"期望值"称为查找算法的平均查找长度(Average Search Length，ASL)，它是衡量查找算法性能的主要依据。

对于一个含有 n 个数据元素的表，查找成功时有

$$\mathrm{ASL}=\sum_{i=1}^{n} p_i c_i$$

对于有 n 个数据元素的表，给定值 k 与表中第 i 个元素关键字相等，需进行 $n-i+1$

次关键字的比较，即 $C_i=n-i+1$。查找成功时，顺序查找的平均查找长度为

$$ASL=\sum_{i=1}^{n}p_i(n-i+1)$$

设每个数据元素的查找概率相等，即 $P_i=1/n$，则等概率情况下有

$$ASL=\sum_{i=1}^{n}1/n\times(n-i+1)=(n+1)/2$$

查找不成功时，关键字的比较次数总是 n+1 次。

顺序查找和其他查找方法相比，它的优点是算法简单且适用面广，它对表的结构无任何要求，无论记录是否按关键字有序均可应用，而且上述所有讨论对线性链表也同样适用；缺点是平均查找长度较大，特别是当 n 很大时，查找效率低。

8.2.2　折半查找

折半查找又称二分查找，它是一种效率较高的查找方法，每次将待查记录所在区间缩小一半。折半查找要求表有序，即表中元素按关键字有序，而且必须采用顺序存储结构。

1. 基本思想

折半查找的基本思想是：首先，将给定的查找关键字 k 与有序表的中间位置上的元素进行比较，若相等，则查找成功；否则，中间元素将线性表分成两部分，前一部分中的元素均小于中间元素，而后一部分中的元素均大于中间元素；在前、后两部分重复上述过程，直至查找成功或失败。

2. 折半查找举例

【例 8.1】　在有序表(05,10,15,19,25,28,40,55,85)中，查找关键字为 55 的数据元素。

查找关键字为 55 的数据元素的过程如图 8.1 所示。

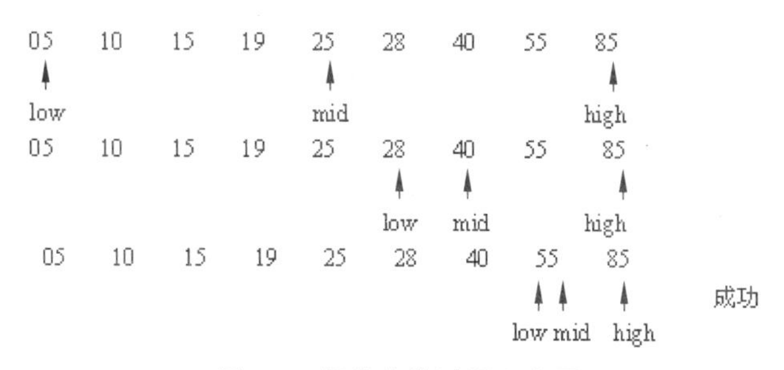

图 8.1　折半查找过程示意图

3. 算法

上述折半查找的过程可用算法 8.2(a)描述。

【算法 8.2(a)】

```
int SearchBin1(SeqList r,int k)
{ //在有序表 r[1..n]中折半查找关键字为 k 的元素
  //成功返回元素位置,失败返回 0
```

```
    low=1;    high=n;
    while(low<=high)
    { mid=(low+high)/2;
      if(k==r[mid].key) return mid;                  //找到待查元素
      else if(k>r[mid].key) low=mid+1;               //在后半区间查找
          else high=mid-1;                           //继续在前半区间查找
    }
    return 0;                                        //查找失败返回 0
}                                                    //SearchBin1
```

折半查找也可用递归算法 8.2(b)描述。

【算法 8.2(b)】

```
int SearchBin2(SeqList r,int k,int low,int high)
{ //在有序表 r[1..n]中递归折半查找关键字为 k 的结点
  //成功返回元素位置,失败返回 0
  if(low>high) return 0;
  mid=(low+high)/2;
  if(k==r[mid].key) return mid;                      //找到待查元素
  else if(k>r[mid].key)                              //继续在后半区间查找
      return SearchBin2(r,k,mid+1,high);
  else                                               //继续在前半区间查找
      return SearchBin2(r,k,low,mid-1);
}                                                    //SearchBin2
```

4. 性能分析

从折半查找的过程可以看到,每次查找都是以表中的中点为比较对象,并以中点将表分割成两个子表,对定位到的子表继续做同样的操作。所以,折半查找过程可用一个称为判定树的二叉树描述,判定树中每一结点对应表中一个元素,但结点的值不是关键字值,而是元素在表中的位置。根结点对应当前区间的中间记录,左子树对应前半子表,右子树对应后半子表。

查找表中任一元素的过程即判定树中从根到该元素结点的过程,比较次数为该元素结点在树中的层次数。对于 n 个结点的判定树,树高为 k,则有 $2^{k-1}-1<n\leqslant 2^k-1$,即 $k-1<\log_2(n+1)\leqslant k$,所以 $k=\log_2(n+1)$。

折半查找在查找成功时进行的关键码比较次数至多为 2^{i-1},假设表中每个元素的查找是等概率的,即 $P_i=1/n$,树的第 i 层有 2^{i-1} 个结点,因此折半查找的平均查找长度为

$$\begin{aligned}ASL &= \sum_{i=1}^{n} p_i c_i = 1/n(1\times 2^0 + 2\times 2^1 + \cdots + k\times 2^{k-1})\\ &= (n+1)/n\times\log_2(n+1)-1\approx\log_2(n+1)-1\end{aligned}$$

折半查找的优点是比较次数少,查找速度快,效率高;缺点是要求待查找表为有序表。折半查找适用于不经常变动且查找频繁的有序表。

8.2.3 分块查找

分块查找也称索引顺序查找,它是顺序查找方法的改进,其目的是通过缩小查找范围改进顺序查找的性能。

1. 基本思想

分块查找的基本思想首先应分块有序：将线性表分成若干块 $B_1, B_2, \cdots, B_n$,并要求当 $i<j$ 时,B_i 中的记录关键字都小于 B_j 中记录的关键字。其次是建立索引表：每个块在索引表中有一项,称为索引项。索引项中包括两个域,一个域存放块中记录关键字的最大值,另一个域存放块的第一个记录在线性表中的位置。分块查找的基本过程分以下两步：

(1) 将待查关键字 k 与索引表中的关键字进行比较,确定待查记录所在的块;

(2) 进一步用顺序查找法在相应块内查找关键字为 k 的元素。

2. 分块查找举例

【例 8.2】 将表中的 15 个记录按关键字值 25、56 和 89 分为 3 块建立的索引表和查找表(图 8.2)。

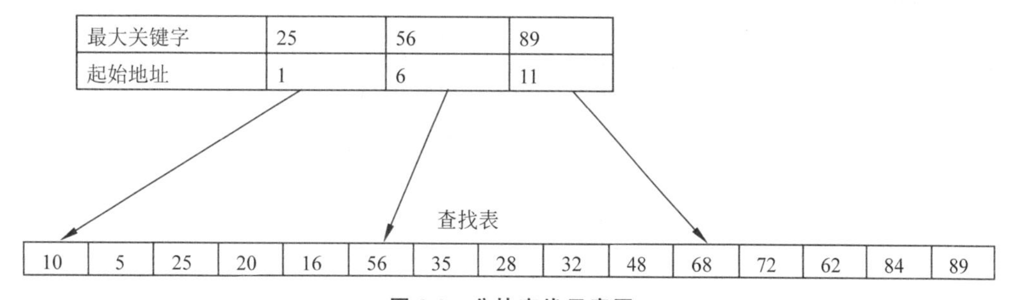

图 8.2 分块查找示意图

3. 性能分析

分块查找由索引表查找和子表查找两步完成。假设 n 个数据元素的查找表分为 m 个子表,且每个子表均为 L 个元素,则 $L=n/m$,则分块查找的平均查找长度为

$$ASL = ASL_1 + ASL_2 = 1/2(m+1) + 1/2(n/m+1) = 1/2(m+n/m)+1$$

其中,ASL_1 为索引表的平均查找长度,ASL_2 为子表的平均查找长度。

分块查找的优点是在顺序表中插入或删除一个元素时,只要找到该元素所属的块,然后在块内进行插入和删除操作即可,由于块内结点的存放是任意的,所以插入和删除比较容易,不需要移动大量的结点。分块查找的缺点是增加了辅助数组的存储空间,以及将初始顺序表分块排序的运算。

8.3 动态查找表

动态查找表的特点是表结构本身是在查找过程中动态生成的,即对于给定值 key,若表中存在其关键字等于 key 的记录,则查找成功返回,否则插入关键字等于 key 的记录。

动态查找表也有不同的表示方法,本节主要讨论以二叉排序树和平衡二叉树表示时的实现方法。

8.3.1 二叉排序树

1. 定义

二叉排序树又称二叉查找树,其定义为或是一棵空二叉树,或是一棵具有下列性质的二叉树：若左子树非空,则左子树上所有结点的值均小于根结点的值;若右子树非空,则右子树上所有结点的值均大于根结点的值;并且其左、右子树均是二叉排序树。

【例 8.3】 图 8.3 所示是一棵二叉排序树,若中序遍历二叉树,则可得到一个按结点值递增的有序序列：15,20,30,35,45,55,60,70,80。

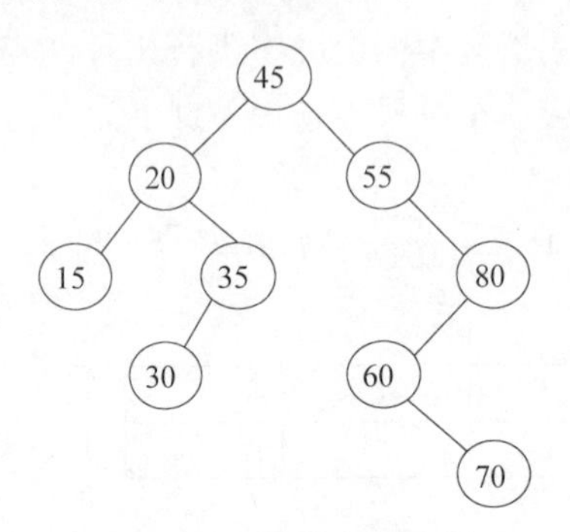

图 8.3 二叉排序树示例

二叉排序树一般采用二叉链表来存储,其类型定义为

```
typedef struct BSTNode
{ int  key;                                          //关键字域
   …                                                 //其他数据域
  struct BSTNode  * lchild, * rchild;                //左、右孩子指针
}BSTNode, * BSTree;
```

2. 查找

1) 基本思想

二叉排序树的查找过程为首先将给定值和根结点的关键字进行比较,若相等,则查找成功;否则,若小于根结点的关键字,则在左子树上查找,若大于根结点的关键字,则在右子树上查找。

2) 算法

二叉排序树查找递归算法可用算法 8.3(a)描述。

【算法 8.3(a)】

```
BSTree SearchBST1(BSTree t, int k)
{ //在二叉排序树 t 中递归查找某关键字等于 k 的数据元素,若查找成功,则返回指向该数据元
  //素结点的指针,否则返回空指针
  if(!t||k==t->key) return(t);
```

```
    else if(k<t->key)
            return(SearchBST1(t->lchild,k));
        else return(SearchBST1(t->rchild,k));
}                                            //SearchBST1
```

二叉排序树查找非递归算法可用算法 8.3(b)描述。

【算法 8.3(b)】

```
BSTree SearchBST2(BSTree t, int k)
{ //二叉排序树 t 中非递归查找某关键字等于 k 的数据元素,若查找成功,则返回指向该数据元
  //素结点的指针,否则返回空指针
  p=t;
  while(p && p->key!=k)
      if(k<p->key) p=p->lchild;
      else  p=p->rchild;
  return p;
}                                            //SearchBST2
```

3) 二叉排序树的查找分析

在二叉排序树上查找其关键字等于给定值的过程,恰好走了一条从根结点到该结点的路径的过程。二叉排序树查找长度与树的形态有关,在最好的情况下,二叉排序树在生成过程中,树的形态比较均匀,其最终得到的是一棵形态与二分查找的判定树相似的二叉排序树。在最坏的情况下,二叉排序树是通过一个有序表的 n 个结点依次插入生成的,此时所得的二叉排序树退化为一棵深度为 n 的单支树,它的平均查找长度和单向链表的顺序查找相同,也是(n+1)/2。

3. 插入

1) 插入原则

已知一个关键字值为 k 的结点,若将其插入二叉排序树,只要保证插入后仍满足二叉排序树的定义即可。新插入的结点一定是一个新添加的叶子结点,并且是查找不成功时查找路径上访问的最后一个结点的左孩子或右孩子。结点插入的步骤如下。

(1) 若二叉排序树是空树,则 k 成为二叉排序树的根。

(2) 若二叉排序树非空,则将 k 与二叉排序树的根进行比较:如果 k 的值等于根结点的值,则停止插入;如果 k 的值小于根结点的值,则将 k 插入左子树;如果 k 的值大于根结点的值,则将 k 插入右子树。

2) 插入算法

插入算法(非递归)如算法 8.4(a)描述。

【算法 8.4(a)】

```
void InsertBST(BSTree t,int k)
{ //若二叉排序树 t 中没有关键字 k,则插入,否则直接返回
  p=t;                                       //p 的初值指向根结点
```

```
  while(p)                                    //查找插入位置
  { if (p->key==k) return;                    //已有 k,无须插入
    f=p;                                      //f 保存当前查找的结点
      p=(k<p->key)?p->lchild:p->rchild;
    //若 k<p->key,则在左子树上查找,否则在右子树上查找
  }
  p=(BSTree)malloc(sizeof(BSTNode));
  p->key=k;  p->lchild=p->rchild=NULL;
  if(t==NULL) t=p;
  else if (k<f->key) f->lchild=p;
  else f->rchild=p;
}                                             //InsertBST
```

插入算法(递归)如算法 8.4(b)描述。

【算法 8.4(b)】

```
void InsertBST(BSTree t,int k)
{ //若二叉排序树 t 中无关键字 k,则插入,否则直接返回
  if (t->key==k) return;                      //已有 k,无须插入
  if(t==null)                                 //插入结点
  { t=(BSTree)malloc(sizeof(BSTNode));
    t->key=k;
    t->lchild=t->rchild=NULL;
  }
  else
      if(k<t->key) InsertBST(t->lchild, k);
      else InsertBST(t->rchild, k);
}
```

3) 二叉排序树的构造过程

二叉排序树的构造过程是每输入一个元素,就调用一次插入算法将其插入当前生成的二叉排序树。

【例 8.4】 已知有关键字序列为{45,25,55,25,60,15},构造二叉排序树的过程如图 8.4 所示。

4. 删除

1) 删除原则

在二叉排序树中删除结点是指删除以该结点为根的子树。

由于中序遍历二叉排序树可以得到结点的有序序列,因此,删除结点后只要保持仍是二叉排序树就可以了。由于用结点的前驱和后继均可代替被删结点的位置,因此删除算法不唯一。

(1) 若被删结点 * p 无左子树,则根据 * p 是双亲 * f 的左(或右)子女,令其双亲 * f 的左(或右)指向 * p 的右子树,删除 * p 结点。

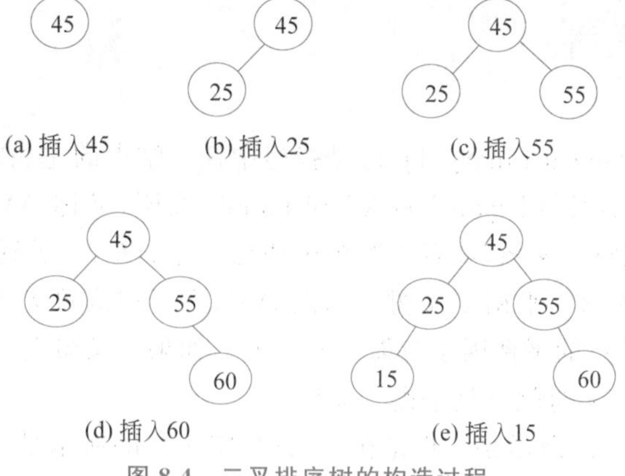

(a) 插入45 (b) 插入25 (c) 插入55

(d) 插入60 (e) 插入15

图 8.4 二叉排序树的构造过程

(2) 若被删结点 p 有左子树,则用左子树上结点值最大的结点(设为 * s)替换 * p 结点,并对指向的结点指针进行适当调整。

2) 删除算法

删除算法如算法 8.5 所示。

【算法 8.5】

```
void DelBST(BSTree * t, keyType k)
{ //在二叉排序树 * t 中删除关键字为 k 的结点
  p= * t;  f=NULL;                    //f 最终是指向被删除结点的双亲
  while(p)
  { if(p->key==k) break;              //找到关键字为 k 的结点
    f=p;
    p=(k<p->key)?p->lchild:p->rchild;     //分别在 * p 的左、右子树中查找
  }                                   //while
  if(!p) return;                      //二叉排序树中无关键字为 k 的结点
  if(!p->lchild)                      //被删结点 * p 无左子女
  { if(p== * t) * t==p->rchild;       //被删结点是根结点
    else if(f->lchild==p)             //将双亲结点的左(右)指针指向被删结点的右子女
        f->lchild=p->rchild;
    else f->rchild=p->rchild;
    free(p);
  }                                   //if
  else                                //被删结点 * p 有左子女
  { q=p;
    s=p->lchild;                      //* q 是 * s 的双亲
    while(s->rchild)
    { q=s; s=s->rchild;}              //查找 * p 的中序遍历的前驱 * s
      p->key=s->key;                  //* p 用其中序前驱的值替换
      if(q!=p)
        q->rchild=s->lchild;          //将 * s 的左子树链到 * q 的右链上
      else p->lchild=s->lchild;       //* p 左子树的根结点无右子女
      free(s);
    }
}                                     //DelBST
```

8.3.2 平衡二叉树

1. 定义

平衡二叉树(Balanced Binary Tree)是指树中任一结点的左、右子树高度大致相等的二叉树,它由苏联数学家 Adelson Velskii 和 Landis 发明,又称 AVL 树。平衡二叉树的定义为:或者是一棵空二叉树,或者二叉树中任意结点的左、右子树高度之差的绝对值不大于 1,则称这棵二叉树为平衡二叉树。结点的左、右子树高度差为该结点的平衡因子。平衡二叉树上所有结点的平衡因子只能是−1、0、1,如果二叉树上一个结点的平衡因子的绝对值大于 1,则该二叉树就不是平衡二叉树。

【例 8.5】 图 8.5(a)所示是一棵平衡二叉树,图 8.5(b)所示是一棵不平衡的二叉树。

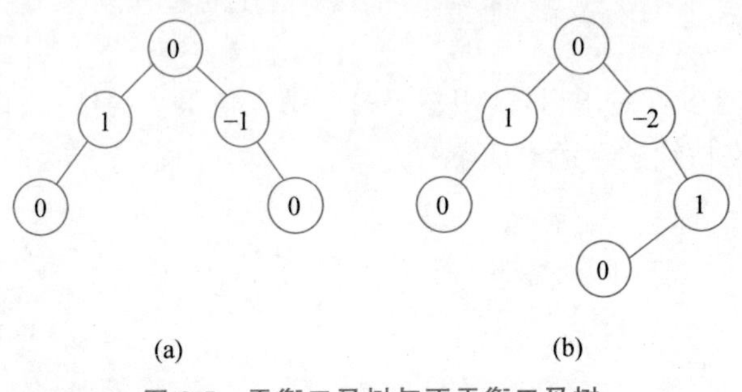

图 8.5 平衡二叉树与不平衡二叉树

平衡二叉树的类型定义如下:

```
typedef struct AVLNode
{ int  key;
  int bf;                                      //结点的平衡因子
  struct AVLNode * lchild, * rchild;           //左、右孩子指针
}AVLNode , * AVLTree;
```

2. 构造方法

构造平衡二叉树的方法:每当插入一个结点,首先检查是否破坏了该二叉树的平衡性,找出其中的最小不平衡子树,即离插入结点最近且平衡因子的绝对值大于 1 的结点,然后调整以该结点为根的子树为平衡二叉树。

一般情况下,假设由于在平衡二叉树上插入结点后失去平衡的最小子树的根结点为 A,则进行调整的规律如下。

1) LL 型

插入结点前,A 的平衡因子为 1,A 的左孩子 B 的平衡因子为 0。由于在 B 的左子树上插入结点使 A 的平衡因子由 1 增至 2,因此失去了平衡,如图 8.6(a)所示。调整方法是:对 A、B 和 B 的左子树进行一次顺时针旋转,将 B 转上去作为根,A 转到右下作为 B 的右孩子。如果 B 原来有右子树,则该右子树调整为 A 的左子树。LL 型调整操作的过程如图 8.6(b)所示。

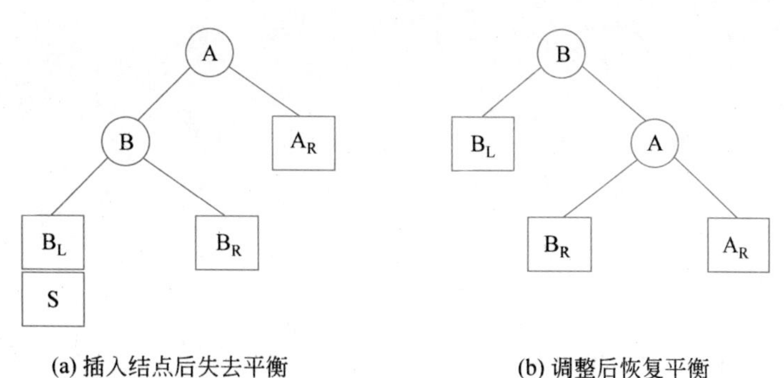

(a) 插入结点后失去平衡　　(b) 调整后恢复平衡

图 8.6　LL 型调整操作示意图

2）RR 型

在 A 的右孩子 B 的右子树上插入结点，使 A 的平衡因子由 −1 减至 −2，失去平衡，如图 8.7(a)所示。调整方法是：对 A、B 和 B 的右子树进行一次逆时针旋转，将 B 转上去作为根，A 转到左下作为 B 的左孩子。如果 B 原来有左子树，则该左子树调整为 A 的右子树。RR 型调整操作的过程如图 8.7(b)所示。

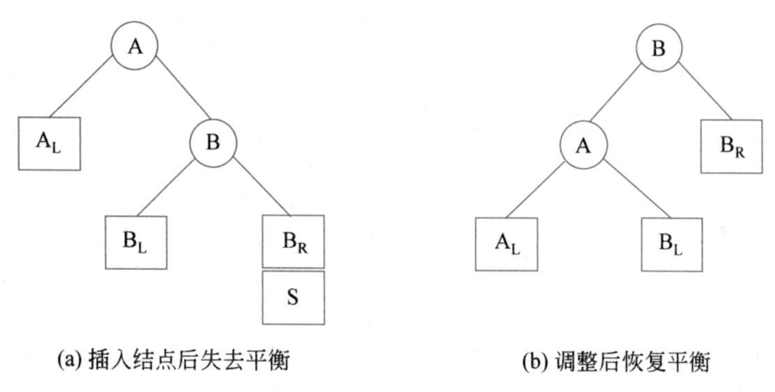

(a) 插入结点后失去平衡　　(b) 调整后恢复平衡

图 8.7　RR 型调整操作示意图

3）LR 型

插入结点前 A 的平衡因子为 1，A 的左孩子 B 的平衡因子为 0。由于在 B 的右子树上插入结点使 A 的平衡因子由 1 增至 2，因此失去了平衡，如图 8.8(a)所示。调整方法是：第一次对 B 及 B 的右子树进行逆时针旋转，B 的右孩子 C 转上去作为子树的根，B 转到左下作为 C 的左孩子。如果 C 原来有左子树，则调整左子树成为 B 的右子树。第一次旋转后就变成了 LL 型。第二次进行一次 LL 型旋转恢复平衡。LR 型调整操作的过程如图 8.8(b)和(c)所示。

4）RL 型

在 A 的右孩子 B 的左子树上插入结点，使 A 的平衡因子由 −1 减至 −2，失去平衡，如图 8.9(a)所示。调整方法是：第一次对 B 及 B 的左子树进行顺时针旋转，B 的左孩子 C 转上去作为子树的根，B 转到右下作为 C 的右孩子。如果 C 原来有右子树，则调整右子树成为 B 的左子树。第一次旋转后就变成了 RR 型。第二次进行一次 RR 型旋转恢复平衡。RL 型调整操作的过程如图 8.9(b)和(c)所示。

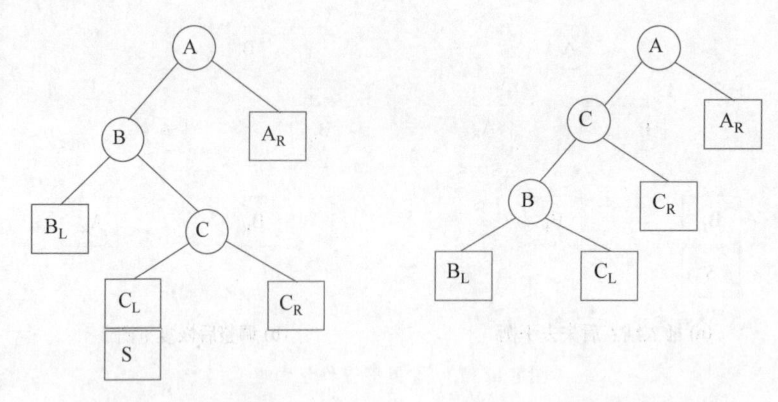

(a) 插入结点后失去平衡　　　　(b) 第一次调整后变成LL型

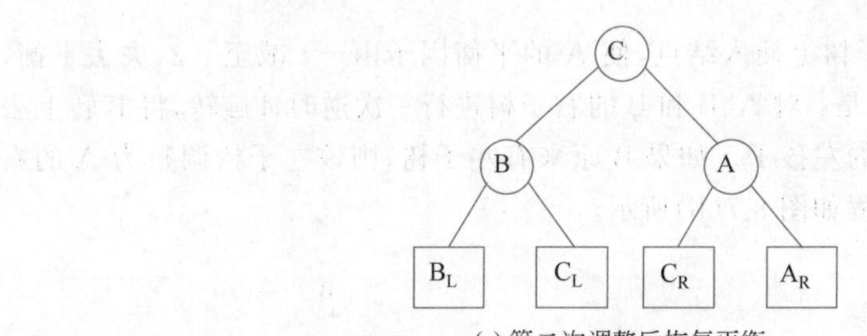

(c) 第二次调整后恢复平衡

图 8.8　LR 型调整操作示意图

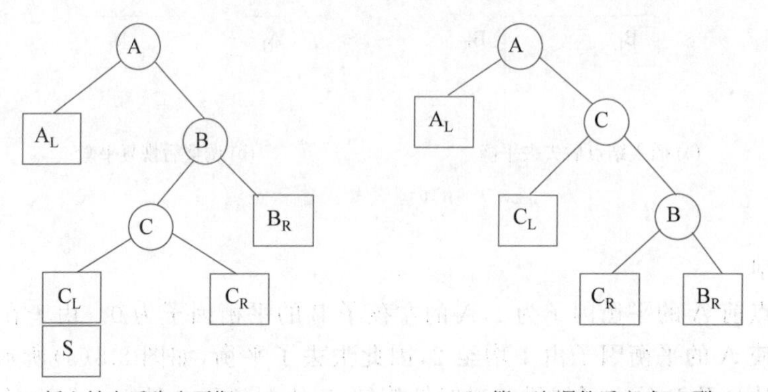

(a) 插入结点后失去平衡　　　　(b) 第一次调整后变成RR型

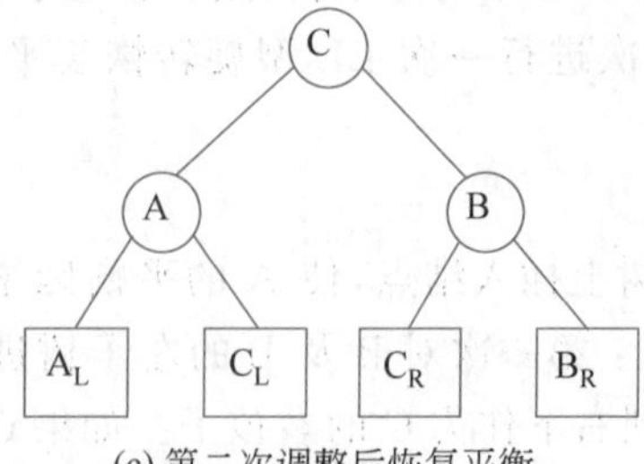

(c) 第二次调整后恢复平衡

图 8.9　RL 型调整操作示意图

【例 8.6】 已知关键字序列为(15,21,28,43,36,8,10),试构造一棵平衡二叉树。

分析:在构造平衡二叉树时,每插入一个结点,就需要重新计算插入操作经过的路径上所有结点的平衡因子,计算顺序是先计算离插入结点最近的分支结点的平衡因子,然后沿着根的方向向上依次计算各分支结点的平衡因子。当插入结点 28、36 和 10 时,失去平衡,分别进行调整,平衡二叉树的构造过程如图 8.10 所示。

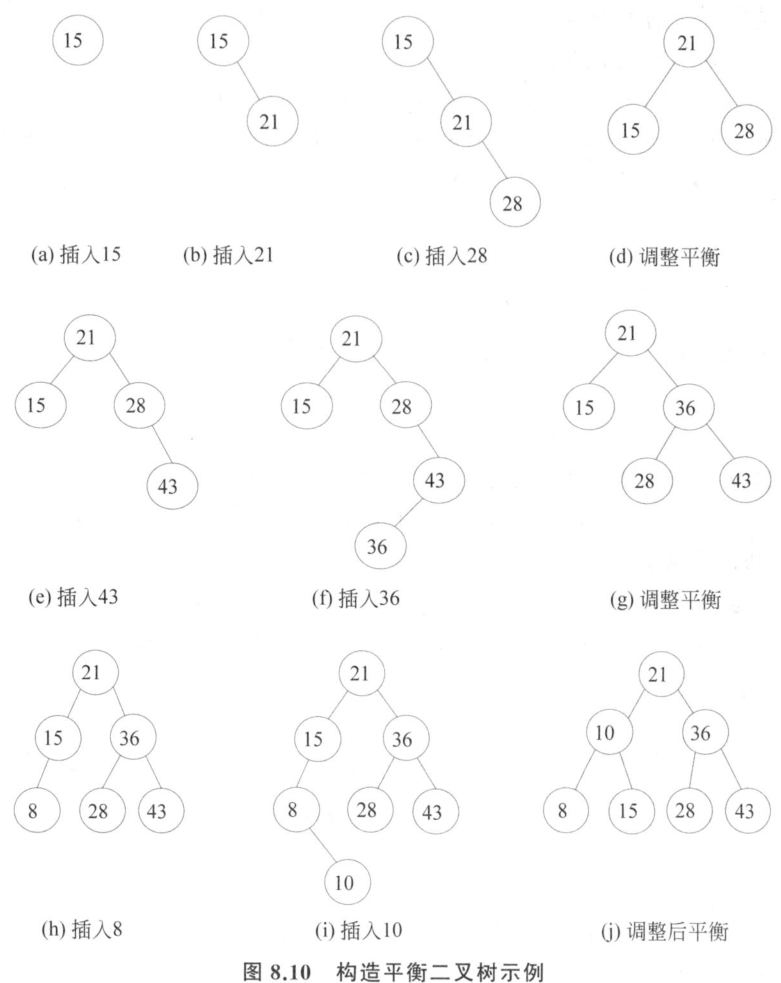

图 8.10 构造平衡二叉树示例

8.4 散 列 表

在前面讨论的各种结构中,记录在结构中的相对位置是随机的,和记录的关键字之间不存在确定的关系,因此,在结构中查找记录时需要进行一系列的“比较”,查找的效率依赖于查找过程中进行的比较次数。

理想的情况是不经过任何比较,一次存取便能得到所查记录,那么就必须在记录的存储位置和它的关键字之间建立一个确定的对应关系 f,使每个关键字和结构中一个唯一的存储位置相对应。在查找时，只要根据这个对应关系 f 找到给定值 K 的象 f(K)。在此，称这个对应关系 f 为散列函数，按这种思想建立起来的表称为散列表(哈希表)。

关键字的集合通常比地址的集合大得多，因此经过散列函数变换后，可能将不同的关键字映射到同一个散列地址上，这种现象称为冲突，映射到同一散列地址上的关键字称为同义词。所以，建造散列表需要解决以下两个问题：

(1) 要选定“好”的散列函数；

(2) 要设定处理冲突的方法。

综上所述，根据设定的散列函数 H(key)和处理冲突的方法将一组关键字映射到一个有限的连续的地址集(区间)，并以关键字在地址集中的“象”作为记录在表中的存储位置，这种表称为散列表，所得的存储位置称为散列地址或哈希地址，这一映射过程称为散列或哈希造表。

8.4.1 散列函数的构造方法

构造散列函数的方法有直接定址法、特征位抽取法、平方取中法、折叠法和除留余数法。

1. 直接定址法

直接定址法是取关键字或关键字的某个线性函数值作为散列地址。

$$H(key)=key \text{ 或 } H(key)=a\cdot key+b$$

其中，a 和 b 为常数。

这类函数是一一对应的，不会产生冲突。

【例 8.7】 关键字序列为{20,40,50,60,80,90}，选取散列函数为 H(key)=key/10，则关键字存放地址如图 8.11 所示。

0	1	2	3	4	5	6	7	8	9
		20		40	50	60		80	90

图 8.11 关键字存放地址

2. 特征位抽取法

抽取关键字中某几位随机性较好的数位，然后把这些数位拼起来作为散列地址，抽取的位数取决于散列表的表长。

【例 8.8】 有 80 个记录，其关键字为 8 位十进制数。假设表长为 100，则可取 2 位十进制数(00～99)组成散列地址，取其中哪两位的原则是使得到的散列地址尽量避免产生冲突。假设这 80 个关键字中的一部分如下所示：

8	0	4	6	5	3	2	6
8	0	7	2	2	4	2	6
8	0	8	1	3	6	5	7
8	0	1	3	6	5	5	7
8	0	5	8	7	6	5	7
(1)	(2)	(3)	(4)	(5)	(6)	(7)	(8)

对关键字进行分析可以发现,第(1)(2)位都是80,第(7)位只可能取2或5,第(8)位只可能是6或7,因此这4位都不可取。由于中间的几位可看成近乎随机的,因此可取其中任意两位或取其中两位和另外两位并相加求和后,舍去进位作为散列地址。

3. 平方取中法

平方取中法是取关键字平方后的中间几位(长度为散列表表长)作为散列地址。关键字平方后的中间几位数和关键字的每位都有关,能反映关键字每位的变化,使随机分布的关键字对应到随机的散列地址上。

【例8.9】 若存储区域可存储100个以内的记录,关键字=4781。

则4781*4781=22857961,取中间2位,即57作为存储地址。

4. 折叠法

折叠法是将较长的关键字从左到右分割成位数相同的几段(最后一段的位数可以少一些),然后把这几段叠加并舍去进位,得到的结果作为散列地址。这种方法适用于关键字位数很多且每位的数字分布大致均匀的情况。

5. 除留余数法

除留余数法采用取模运算(%),将用关键字除以某个不大于散列表表长的整数得到的余数作为散列地址。散列函数形式为

$$H(key)=key\%p \quad p \leqslant m$$

通常情况下,最好设p为一个小于散列表长度的最大质数,这样可以减少冲突的发生。

8.4.2 散列冲突的解决方法

解决散列冲突的方法有两种:闭散列法(也称开放地址法)和开散列法(也称链地址法)。散列表是用数组实现的一片连续的地址空间,两种解决冲突的方法的区别在于发生冲突的元素是存储在数组空间之内的另一个地址(闭散列)还是在这个数组之外(开散列)。下面介绍这两种冲突解决方法。

1. 闭散列法(开放地址法)

闭散列法也称开放地址法。闭散列法中“闭”的含义是散列表的长度是确定的,定义后不能增加;开放地址法中“开放”是指数组的每个地址有可能被任何基地址的元素占用,即每个地址对所有元素都是开放的。

闭散列法的基本思想是所有元素存储在散列表数组中。元素经散列函数计算出来的地址称为基地址。若插入元素x,而x的基地址已被某个同义词占用,则根据某种策略将x存储在数组的另一个位置。寻找“下一个”空位的过程称为探测。

探测地址可用如下公式表示:

$$Hi=(H(key)+d_i)\%m$$

其中,$i=1,2,\cdots,k(k\leqslant m-1)$　m为表长,d_i为增量

根据d_i取值的不同,可以分为几种探测方法,常用的有线性探测再散列($d_i=1,2,3,\cdots,m-1$)、二次探测再散列($d_i=1^2,-1^2,2^2,-2^2,\cdots,k^2(k\leqslant\lfloor m/2\rfloor)$)和双重散列法(随机数法)。

1）线性探测再散列

d_i 的取值为 1,2,3,…,m－1 的线性序列,线性探测法的基本思想：当发生冲突时,从冲突位置的下一个单元顺序寻找可存放记录的空单元,只要找到一个空位,就把元素放入此空位。顺序查找时,把散列表看成一个循环表,即如果到最后一个位置也没有找到空单元,则回到表头开始继续查找。此时,如果仍未找到空位,则说明散列表已满,需要进行溢出处理。

【例 8.10】 已知一组关键字为(15,19,40,24,28,58,76,52,84),散列表长 m＝13,散列函数 H(key)＝ key % 11,则利用线性探测法得到的散列表如图 8.12 所示,每个图中第 3 行数字表示查找对应地址的关键字时将要进行的比较次数。

(1) 计算散列地址。

H(15)＝ 15 % 11＝4　　H(24)＝ 24 % 11＝2　　H(76)＝ key % 11＝10
H(19)＝ 19 % 11＝8　　H(28)＝ 28 % 11＝6　　H(52)＝ key % 11＝8
H(40)＝ 40 % 11＝7　　H(58)＝ 58 % 11＝3　　H(84)＝ key % 11＝7

(2) 建立散列表(图 8.12)。

0	1	2	3	4	5	6	7	8	9	10	11	12
		24	58	15		28	40	19	52	76	84	
		1	1	1		1	1	1	2	1	5	

图 8.12 使用线性探测法处理冲突后的散列表

(3) 查找成功时的平均查找长度。

$$ASL = \sum_{i=1}^{n} p_i c_i = 1/9(1 \times 7 + 2 \times 1 + 5 \times 1) = 14/9$$

线性探测再散列法的优点是计算简单,只要有空位,就可将元素存入;缺点是容易产生二次聚集(不同基地址的元素争夺同一个单元的现象),平均查找长度大。

散列表的类型定义如下：

```
#define NULL  -1                    //假设关键字均为非负整数,NIL 为空结点标记
#define m 997                       //m 为表长度
typedef int KeyType;                //KeyType 的类型由用户定义
typedef  struct                     //散列表结点类型
{ KeyType key;                      //关键字域
  …                                 //其他数据域
}LHashTable;
```

散列表的查找算法如算法 8.6 所示。

【算法 8.6】

```
int LinerSearch(LHashTable HT[m],keyType k)
{ //在散列表 HT[m]中查找关键字为 k 的结点
  pos=hash(k);                           //根据散列函数计算 k 的散列地址
```

```
    i=0;
    while((i<m)&&(HT[pos].key!=k)&&(HT[pos].key!=NULL))
      { i++;  pos=(pos+1)%m; }
    if(HT[pos].key==k) return pos;              //查找成功返回结点的位置
    if(HT[pos].key==NULL) return 0;             //查找未成功返回 0
}                                               //LinerSearch
```

2）二次探测再散列

克服线性探测法缺点的方法是加大探测序列的步长，使发生冲突的元素的位置比较分散。如果在地址 i 产生冲突，不是探测 i+1 地址，而是探测 $i+1^2$，$i-1^2$，$i+2^2$，$i-2^2$ 的地址，即以步长 $d_i=1^2,-1^2,2^2,-2^2,\cdots,k^2(k\leqslant\lfloor m/2\rfloor)$。

3）双重散列法

双重散列法是以关键字的另一个散列函数值作为增量。设两个散列函数为 H_1 和 H_2，则得到的探测序列为

$(d+H_2(key))\%m$， $(d+2H_2(key))\%m$， $(d+3H_2(key))\%m,\cdots$，其中 $d=H_1(key)$

由此可知，双重散列法探测下一个开放地址的公式为

$$di=(d+i*H_2(key))\%m \quad (1\leqslant i\leqslant m-1)$$，使 H_2 的值和 m 互素

【例 8.11】 有一组记录的关键字为(22,35,46,50,18,19)，散列表长为 7，取散列函数为 $H_1(key)=key\%7$，$H_2(key)=key\%5+1$，则改造的散列表如图 8.13 所示。

0	1	2	3	4	5	6
35	22	50	19	46	18	
1	1	2	2	1	3	

图 8.13 双重散列法处理冲突时得到的散列表

2. 开散列法(链地址法)

开散列法中“开”的含义是散列表的元素的个数不受限制(只受内存大小限制)，即具有相同散列函数值的关键字都可链到同一链表；由于用链表解决冲突，所以这种解决冲突的方法有时也称链地址法。

开散列法的一种简单形式是把散列表的每个地址空间定义为一个单链表的表头指针，单链表中每个结点包括一个数据域和一个指针域，数据域存储查找表中的元素。散列地址相同的所有元素存储在以该散列地址为表头指针的单链表中。

【例 8.12】 已知一组关键字为(15,19,40,24,28,58,76,52,84)，散列函数为 H(key)=key%11，则利用链地址法得到的散列表如图 8.14 所示。元素插入单链表时总是插在表头作为第一个结点。

1）建立散列表

2）查找成功时的平均查找长度

$$ASL=\sum_{i=1}^{n}p_ic_i=1/9(1\times 7+2\times 2)=11/9$$

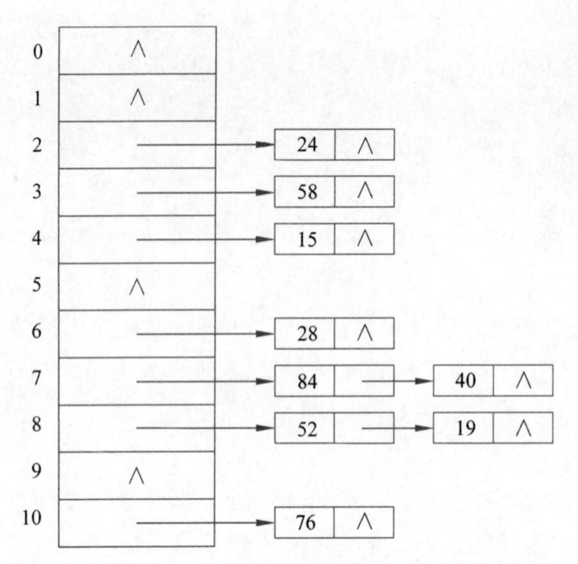

图 8.14　链地址法得到的散列表

3. 散列表的查找算法

散列表查找过程和散列表的生成相似：首先根据选定的散列函数计算出给定关键字的散列地址，若该地址为空，则查找失败；若该地址不空且所存关键字的值恰好等于所查关键字，则查找成功；若该地址不空，但所存关键字的值不等于所查关键字，则按造表时使用的解决冲突的方法继续查找，直到成功或失败。

散列表的类型定义如下：

```
typedef int KeyType;                         //KeyType的类型由用户定义
typedef struct  CNodeType                    //散列表结点类型
{ KeyType key;                               //关键字域
  …                                          //其他数据域
  struct CNodeType * next;
}CHashTable;
```

散列表的查找算法如算法 8.7 所示。

【算法 8.7】

```
CHashTable * ChainSearch(CHashTable * HT[m],KeyType k)
{// 在散列表 HT[m]中查找关键字为 k 的结点
  p=HT[hash[k]];                             //取 k 所在的表头指针
  while(p &&(p->key!=k)) p=p->next;          //依次向后查找
  return p;                          //若查找成功则返回结点指针,否则返回空指针
}                                            //ChainSearch
```

4. 散列表的查找分析

虽然散列表是在关键字和存储位置之间建立了直接映射，然而，由于“冲突”的产生，

散列表的查找过程仍然是一个和关键字比较的过程。因此，仍可用平均查找长度衡量散列表的检索效率。

查找过程中和关键字比较的次数取决于散列造表时选择的散列函数和处理冲突的方法。散列函数的“好坏”首先影响出现冲突的频繁程度，但在一般情况下可认为：凡均匀的散列函数对同样一组随机的关键字，出现冲突的可能性是相同的，因此散列表的查找效率主要取决于散列造表时处理冲突的方法。

线性探测法的散列表查找成功时的平均查找长度为

$$\text{ASL} = (1 + 1/(1 - \alpha))/2$$

链地址法的散列表查找成功时的平均查找长度为

$$\text{ASL} = 1 + \alpha/2$$

其中，α 装填因子，α = 表中记录数/散列表长度，α 越小，发生冲突的可能性就越小；α 越大，发生冲突的可能性就越大，查找时的比较次数就越多。

8.5　本章小结

查找是数据结构中的一种重要操作，为了提高查找效率，需要专门为查找操作设置数据结构，即查找表。查找表有静态查找表、动态查找表和散列表。

查找表中的数据元素有若干属性，其中有主关键字和次关键字。静态查找表上的查找方法主要有顺序查找、折半查找和分块查找。动态查找表上的查找方法主要有二叉排序树和平衡二叉树。散列表上的查找方法和散列造表的过程基本一致。

衡量查找算法性能的主要依据是平均查找长度，和给定值进行比较的关键字个数的“期望值”称为查找算法的平均查找长度。

习　题　8

一、选择题

1. 采用折半查找法查找长度为 n 的有序顺序表，查找每个数据元素关键字的比较次数（　　）对应二叉判定树的高度（设高度大于或等于 2）。

A. 小于　　B. 大于　　C. 等于　　D. 小于或等于

2. 对一棵（　　）进行中序遍历，可得到一个按结点值递增的有序序列。

A. 二叉树　　B. 二叉排序树　　C. 完全二叉树　　D. 树

3. 平衡二叉树中所有结点的平衡因子可以是（　　）。

A. 0，1，2　　B. 0，1　　C. −1，0，1　　D. 1，2，3

二、问答题

1. 静态查找表包括哪几种查找方法？

2. 解释顺序查找、二分查找和分块查找的基本思想及平均查找长度的计算。

3. 假设对有序表（5，10，24，31，42，55，63，72，87，99）进行二分查找，试回答下列问题：

(1) 画出描述二分查找过程的判定树；

(2) 若查找元素 72,需进行几次比较；

(3) 假设每个元素的查找概率相等,求查找成功时的平均查找长度。

4. 什么是二叉排序树？什么是二叉平衡树？

5. 散列表的定义是什么？散列存储中解决冲突的方法有哪些？其基本思想是什么？

三、应用题

1. 已知长度为 8 的表(34,76,45,20,25,54,93,66),按照依次插入结点的方法生成一棵二叉排序树,写出构造过程,求等概率下查找成功的平均查找长度。

2. 已知长度为 12 的表{Jan,Feb,Mar,Apr,May,Jun,Jul,Aug,Sep,Oct,Nov,Dec}。按表中元素的次序依次插入一棵初始状态为空的二叉排序树,并求在等概率情况下查找成功的平均查找长度。

3. 设散列函数 H(k)= k%11,散列地址空间为 0～10,对关键字序列(32,13,49,24,38,21,15,12)按下述两种解决冲突的方法构造散列表：(1)线性探测法；(2)链地址法,并分别求等概率下查找成功的平均查找长度。

四、算法题

1. 设记录 $R_1,R_2,\cdots,R_n$ 按关键字值从小到大的顺序存储在数组 r[1…n]中,在 r[n+1]处设立一个监视哨,试写一查找给定关键字 k 的算法,求在等概率情况下查找成功的平均查找长度。

2. 设单向链表的结点是按关键字从小到大排列的,试写出对此链表进行查找的算法。如果查找成功,则返回指向关键字为 x 的结点的指针,否则返回 NULL。

3. 在二叉排序树中查找值为 X 的结点,若找到,则记数(count)加 1；否则作为一个新结点插入树中,插入后仍为二叉排序树,写出其递归和非递归算法。

第9章 排　　序

本章学习目标

- 掌握各种内部排序方法的基本思想；
- 掌握各种内部排序方法的算法及其效率分析。

本章重点介绍各种内部排序方法，包括直接插入排序、希尔排序、冒泡排序、快速排序、直接选择排序、堆排序、归并排序和基数排序。

9.1　排序的基本概念

排序是计算机程序设计中的一种重要操作，其目的是将一组“无序”的记录序列重新排列成一个按关键字“有序”的记录序列。

假设含 n 个记录的序列为$\{R_1, R_2, \cdots, R_n\}$，其相应的关键字序列为$\{K_1, K_2, \cdots, K_n\}$，这些关键字相互之间可以进行比较，即在它们之间存在着这样一个关系：$K_{s_1} \leqslant K_{s_2} \leqslant \cdots \leqslant K_{s_n}$，按此固有关系将 n 个记录的序列重新排列为$\{R_{s_1}, R_{s_2}, \cdots, R_{s_n}\}$的操作称作排序。

上述排序定义中的关键字 K_i 可以是记录 $R_i(i=1,2,\cdots,n)$的主关键字，也可以是记录 R_i 的次关键字。若 K_i 是主关键字，则任何一个记录的无序序列经排序后的结果都是唯一的；若 K_i 是次关键字，则排序的结果不唯一，因为待排序的记录序列中可能存在两个或两个以上关键字相等的记录。若 K_i 为关键字，$K_i=K_j(i \neq j)$，且在排序前的序列中 R_i 领先于 R_j。经过排序后，R_i 与 R_j 的相对次序保持不变（R_i 仍领先于 R_j），称这种排序方法是稳定的，否则是不稳定的。

各种排序方法按照涉及的存储器的不同，可以分为内部排序和外部排序。若整个排序过程不需要访问外存便能完成，则称此类排序问题为内部排序。若参加排序的记录数量很大，整个序列的排序过程不可能一次在内存中完成，则称此类排序问题为外部排序。本章主要介绍内部排序。

内部排序通常分为以下 5 类：插入排序、交换排序、选择排序、归并排序和基数排序。在插入排序中，主要介绍直接插入排序和希尔排序。在交换排序中，主要介绍冒泡排序和快速排序。在选择排序中，主要介绍直接选择排序和堆排序。

在排序过程中一般有两种基本操作：①比较两个关键字的大小；②根据比较结果移动记录的位置。前一种操作对大多数排序方法都是必要的，而后一种操作可以通过改变记录的存储方式避免。待排序的记录序列通常采用以下 3 种存储结构：①以数组作为存储结构的顺序存储方法，排序过程通过记录的多次比较和移动实现；②以链表作为存储结构的链式存储方法，排序过程无须移动记录，只须比较和修改指针即可；③一些排序方法不宜在链表上实现，若仍须避免移动记录，可建立一个辅助表登记记录的关键字和存储地址等信息，排序过程只针对辅助表进行，无须移动记录本身。

在以后介绍的算法中，待排序记录采用顺序存储结构，类型定义如下：

```
#define  n  待排序记录的个数
typedef  struct
{ int  key;
  InfoType  otherinfo;                    //记录其他数据域
} RecType;
RecType  R[n+1];
```

9.2 插入排序

插入排序的基本思想是将第 1 个记录看作有序，从第 2 个记录开始，将待排序的记录依次插入到有序序列，使有序序列逐渐扩大，直至所有记录都插入有序序列。本节主要介绍直接插入排序和希尔排序。

9.2.1 直接插入排序

1. 基本思想

直接插入排序是一种比较简单的排序方法，其基本思想是将记录 R[i](2≤i≤n)插入有序子序列 R[1…i−1]中，使记录的有序序列从 R[1…i−1]变为 R[1…i]。

例如，有 8 个待排序的记录，其关键字分别为 52，35，68，96，85，17，25，52。对该例进行直接插入排序的过程如图 9.1 所示。

初始关键字		[52]	35	68	96	85	17	25	52
i=2	(35)	[35	52]	68	96	85	17	25	52
i=3	(68)	[35	52	68]	96	85	17	25	52
i=4	(96)	[35	52	68	96]	85	17	25	52
i=5	(85)	[35	52	68	85	96]	17	25	52
i=6	(17)	[17	35	52	68	85	96]	25	52
i=7	(25)	[17	25	35	52	68	85	96]	52
i=8	(52)	[17	25	35	52	52	68	85	96]

图 9.1 直接插入排序示例

2. 算法

直接插入排序的算法描述如算法 9.1 所示。

【算法 9.1】

```
void  StrOnePass(RecType  R[],int i)
{ //已知 R[1…i-1]中的记录按关键字非递减有序排列,本算法插入 R[i],使 R[1…i]中的记
  //录按关键字非递减有序排列
  for (i=2; i<=n; i++)
    R[0]=R[i]; j=i-1;                          //将待排序记录放入监视哨
    x=R[0].key;
    //从后向前查找插入位置,将大于待排序记录向后移动
    while (x< R[j].key)
        { R[j+1]=R[j]; j--; }                  //记录后移
    R[j+1]=R[0];                               //将待排序记录放到合适位置
}                                              //StrOnePass
```

以上算法采用了 R[0]作为监视哨,减少了循环中的比较次数。监视哨利用数组的某个元素存放当前待排序记录。

3. 算法分析

空间效率:仅用一个辅助单元,辅助空间为 O(1)。

时间效率:向有序序列中逐个插入记录的操作,进行了 $n-1$ 趟,每趟操作分为比较关键字和移动记录,当待排序记录数量 n 很小且局部有序时较为适用。当 n 很大时,其效率不高,其时间复杂度为 $O(n^2)$。

直接插入排序方法是一种稳定的排序方法。若对直接插入排序算法进行改进,则可从减少比较和移动次数两方面着手。希尔排序都是对直接插入排序的改进。

9.2.2 希尔排序

希尔排序又称缩小增量排序,它在时间效率上比直接插入排序有较大的改进,主要从减小记录个数和基本有序两方面着手。

1. 基本思想

希尔排序的基本思想是将待排序的记录划分成若干子序列,从而减少参与直接插入排序的数据量,当经过几次子序列的排序后,记录的排列已经基本有序,这时再对所有记录实施直接插入排序。

希尔排序不是将相邻记录分成一组子序列,而是将相隔一定距离的记录分成一组子序列。假设待排序的记录为 n 个,先取整数 $d = n/2$,将所有距离为 d 的记录构成一组,从而将整个待排序的记录序列分割成 d 个子序列,对每个分组分别进行直接插入排序,然后缩小间隔 d,$d=d/2$,重复上述分组,再对每个分组分别进行直接插入排序,直到 $d=1$ 为止,即将所有记录放在一组进行一次直接插入排序,最终将所有记录重新排列成按关键字有序的序列。

下面看一个例子。

在图 9.2 所示的 10 个记录中，第 1 趟排序 d 取 5，第 2 趟排序 d 取 3，第 3 趟排序 d 取 1。

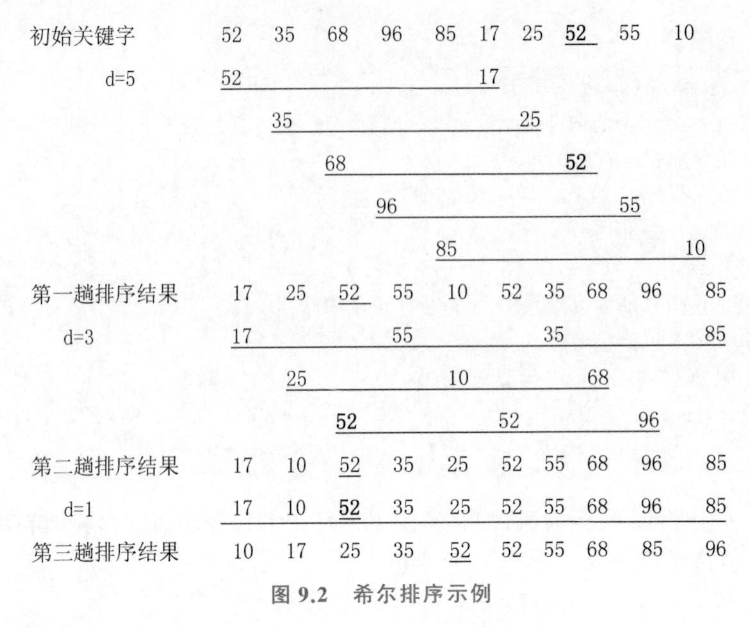

图 9.2 希尔排序示例

2. 算法

希尔排序的算法如算法 9.2 所示。

【算法 9.2】

```
void  ShellSort(RecType  R[],int n)
{ //以步长 di/2 分组的希尔排序,第一个步长取 n/2,最后一个取 1
  for(d=n/2;d>=1;d=d/2)
  { for(i=1+d;i<=n;i++)
    //将 R[i]插入所属组的有序列段
    { R[0]=R[i];  j=i-d;
      while(j>0&&R[0].key<R[j].key)
      { R[j+d]=R[j];
        j=j-d;
      }
      R[j+d]=R[0];                              //第 i 个元素插入合适位置
    }
  }
}                                               //ShellSort
```

3. 算法分析

希尔排序适用于待排序记录数量较大的情况，在此情况下，希尔排序方法比直接插入排序方法的速度更快。希尔排序是一种不稳定的排序方法。

9.3 交换排序

交换排序的基本思想是：在排序过程中，通过对待排序记录序列中元素间关键字的比较，发现逆序的并交换元素位置。本节主要介绍两种交换排序方法：冒泡排序和快速排序。

9.3.1 冒泡排序

1. 基本思想

冒泡排序是交换排序中一种简单的排序方法。冒泡排序的基本思想是对所有相邻记录的关键字值进行比较，如果是逆序（R[j].key＞R[j＋1].key），则将其交换，最终达到所有记录有序。

冒泡排序的处理过程为：①将整个待排序的记录序列划分为有序区和无序区，初始状态有序区为空，无序区为所有待排序的记录；②对无序区从前向后依次对相邻记录的关键字进行比较，若逆序则将其交换，从而使关键字值小的记录“上浮”（左移），关键字值大的记录“下沉”（右移）。

每经过一趟冒泡排序，都使无序区中关键字值最大的记录进入有序区，对于由 n 个记录组成的记录序列，最多经过 n－1 趟冒泡排序，就可以将这 n 个记录按关键字大小排序。在一趟冒泡排序过程中，若在第 k 个位置之后未发生记录交换，则说明以后的记录已有序；若整趟排序只有比较而没有交换，则说明待排序记录已全部有序，冒泡排序过程结束。冒泡排序的例子如图 9.3 所示。

初始关键字	52	35	68	96	85	17	25	52
第一趟排序	35	52	68	85	17	25	52	[96]
第二趟排序	35	52	68	17	25	52	[85	96]
第三趟排序	35	52	17	25	52	[68	85	96]
第四趟排序	35	17	25	52	[52	68	85	96]
第五趟排序	17	25	35	[52	52	68	85	96]
第六趟排序	[17	25	35	52	52	68	85	96]

图 9.3 冒泡排序示例

2. 算法

冒泡排序的算法如算法 9.3 所示。

【算法 9.3】

```
void BubbleSort(RecType R[ ],int n)          //冒泡排序
{ i = n;                                     //i 指示无序序列中最后一个记录的位置
  while (i>1)
  { LastExchange=1;                          //记录最后一次发生交换的位置
    for(j=1;j<i;j++)
        if(R[j].key>R[j+1].key)
```

```
            { temp=R[j];R[j]=R[j+1];R[j+1]=temp;     //逆序时交换
              LastExchange=j;
            }
    i=LastExchange;
  }
}
```

3. 算法分析

冒泡排序的比较次数和记录的交换次数与记录的初始顺序有关。正序时，比较次数为 n－1，交换次数为 0；逆序时，比较次数和交换次数均为 $\sum_{i=1}^{n-1} i = n(n-1)/2$，记录的移动次数为 $3n(n-1)/2$，因此，总的时间复杂度为 $O(n^2)$。冒泡排序是一种稳定的排序方法。

9.3.2 快速排序

1. 基本思想

快速排序是对冒泡排序的改进，其基本思想是：从排序序列中任选一记录作为枢轴（或支点），凡其关键字小于枢轴的记录均移动至该记录之前，而关键字大于枢轴的记录均移动至该记录之后。一趟排序后"枢轴"到位，并将序列分成两部分，再分别对这两部分进行排序。在快速排序中，通过一次交换能消除多个逆序，它是内部排序中最快的一种。

设待排序列的下界和上界分别为 low 和 high，R[low]是枢轴元素，一趟快速排序的具体做法是：

(1) 首先将 R[low]中的记录保存到 R[0]变量中，用两个整型变量 i、j 分别指向 low 和 high 所在位置上的记录。

(2) 先从 j 所指的记录起自右向左逐一将关键字和 R[0].key 进行比较，当找到第 1 个关键字小于 R[0].key 的记录时，将此记录复制到 i 所指的位置上。

(3) 然后从 i＋1 所指的记录起自左向右逐一将关键字和 R[0].key 进行比较，当找到第 1 个关键字大于 R[0].key 的记录时，将该记录复制到 j 所指的位置上。

(4) 接着从 j－1 所指的记录重复以上的(2)(3)两步，直到 i＝j 为止，此时将 R[0]中的记录放回到 i(或 j)的位置上，一趟快速排序完成。

快速排序的例子如图 9.4 所示。

2. 算法

快速排序的算法描述如算法 9.4 和算法 9.5 所示。

【算法 9.4】

```
int  Partition(RecType R[ ],int l,int h)
{ //交换记录子序列 R[l..h]中的记录,使枢轴记录到位并返回其所在位置
  int i=l; j=h;                    //用变量 i,j 记录待排序记录首尾位置
  R[0] = R[i];                     //以子表的第一个记录作枢轴,将其暂存到记录 R[0]中
  x = R[i].key;                    //用变量 x 存放枢轴记录的关键字
  while(i<j)                       //从表的两端交替地向中间扫描
```

```
  { while(i<j && R[j].key>=x)  j--;
    R[i] = R[j];                      //将比枢轴小的记录移到低端
    while(i<j && R[i].key<=x)  i++;
    R[j] = R[i];                      //将比枢轴大的记录移到高端
  }
  R[i] = R[0];                        //枢轴记录到位
  return i;                           //返回枢轴位置
}                                     //Partition
```

初始关键字	[52]	35	68	96	85	17	25	52
R[0]=[52]	i							j
j 向前扫描								
第 1 次交换之后	25	35	68	96	85	17	[52]	52
	i						j	
i 向后扫描								
第 2 次交换之后	25	35	[52]	96	85	17	68	52
			i				j	
j 向前扫描								
第 3 次交换之后	25	35	17	96	85	[52]	68	52
			i			j		
i 向后扫描								
第 4 次交换之后	25	35	17	[52]	85	96	68	52
			i			j		
j 向前扫描								
完成一趟排序	25	35	17	[52]	85	96	68	52

(a) 一趟快速排序过程

初始关键字	52	35	68	96	85	17	25	52
一趟排序之后	[25	35	17]	52	[85	96	68	52]
分别进行快速排序	[17]	25	[35]					
					[52	68]	85	[96]
有序序列	17	25	35	52	52	68	85	96

(b) 快速排序全过程

图 9.4 快速排序示例

【算法 9.5】

```
void QuickSort(RecType R[ ],int s,int t)
{ //对记录序列 R[s..t]进行快速排序
  if(s<t)
  { k=Partition(R,s,t);
    QuickSort(R,s,k-1);
    QuickSort(R,k+1,t);
  }
}                                     //QuickSort
```

3. 算法分析

在 n 个记录的待排序列中，一次划分需要约 n 次关键字比较，时间复杂度为 O(n)，若设 T(n)为对 n 个记录的待排序列进行快速排序所需的时间，则快速排序的平均时间复杂度为 $O(n\log_2 n)$。若待排记录的初始状态为按关键字有序，则快速排序将蜕化为冒泡排序，其时间复杂度为 $O(n^2)$。也就是说，一次划分后，枢轴两侧记录数量越接近，排序速度越快；待排序记录越有序，排序速度越慢。快速排序是不稳定排序。

9.4 选择排序

选择排序的基本思想是依次从待排序记录序列中选择出关键字值最小(或最大)的记录、关键字值次之的记录，以此类推，并分别将它们定位到序列左侧(或右侧)的第 1 个位置、第 2 个位置，以此类推，从而使待排序的记录序列成为按关键字值由小到大(或由大到小)排列的有序序列。本书主要介绍两种选择排序的方法：直接选择排序和堆排序。

9.4.1 直接选择排序

1. 基本思想

直接选择排序的基本思想是将有序序列中所有记录的关键字均小于无序序列中记录的关键字，第 i 趟直接选择排序从无序序列 R[i..n]的 n－i＋1 记录中选出关键字最小的记录加入有序序列。直接选择排序的例子如图 9.5 所示。

初始关键字	52	35	68	96	85	17	25	52
第一趟排序后	[17]	35	68	96	85	52	25	52
第二趟排序后	[17	25]	68	96	85	52	35	52
第三趟排序后	[17	25	35]	96	85	52	68	52
第四趟排序后	[17	25	35	52]	85	96	68	52
第五趟排序后	[17	25	35	52	52]	96	68	85
第六趟排序后	[17	25	35	52	52	68]	96	85
第七趟排序后	[17	25	35	52	52	68	85	96]

图 9.5　直接选择排序示例

2. 算法

直接选择排序算法描述如算法 9.6 所示。

【算法 9.6】

```
void  SelectSort(RecType R[],int n)
{ //对记录序列 R[1..n]做直接选择排序。
  for(i=1; i<n; i++)                              //选择第 i 小的记录，并交换到位
  { k=i;                                          //假设第 i 个元素的关键字最小
    for(j=i+1;j<=n;j++)                           //找最小元素的下标
      If(R[j].key<R[k].key)  k=j;
    if(i!=k)  R[i]←→R[k];                         //与第 i 个记录交换
  }
}                                                 //SelectSort
```

3. 算法分析

直接选择排序的比较次数与关键字的初始排序无关。找第一个最小记录需进行 n－1 次比较，找第二个最小记录需进行 n－2 次比较，找第 i 个最小记录需进行 n－i 次比较。总的比较次数为 n(n－1)/2，所以时间复杂度为 $O(n^2)$。直接选择排序是不稳定的排序方法。

9.4.2　堆排序

堆的定义：堆是满足下列性质的序列 $\{K_1, K_2, \cdots, K_n\}$：$K_i \leqslant K_{2i}$，$K_i \leqslant K_{2i+1}$，或者 $K_i \geqslant K_{2i}$，$K_i \geqslant K_{2i+1}$ $(i=1,2,\cdots,n/2)$。若上述序列是堆，则 K_1 必是序列中的最小值或者最大值，分别称作小顶堆或大顶堆。

例如：17，35，25，52，85，68，52，96 是小顶堆，如图 9.6 所示。

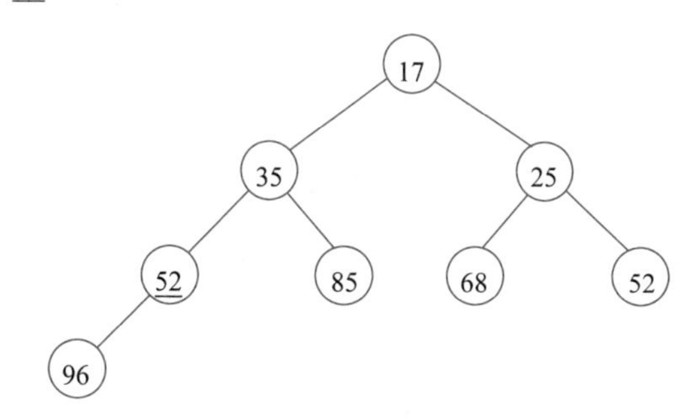

图 9.6　堆示意图

若将此序列看成一棵完全二叉树，则堆或是空树，或是满足下列特性的完全二叉树：其左、右子树分别是堆，任何一个结点的值不大于(或不小于)左、右孩子结点(若存在)的值。

1. 基本思想

堆排序的基本思想是先建一个堆，即先选择一个关键字最小或最大的记录，然后与序列中的最后一个记录交换，之后将序列中前 n－1 个记录重新调整为一个堆(调堆的过程称为筛选)，再将堆顶记录和第 n－1 个记录交换，如此反复直至排序结束，过程如图 9.7 所示。堆排序的过程是不断“建堆”和“调堆”的过程。

建堆的过程如下：

(1) 从 $i=n/2$ 的关键字做起；

(2) 若 $K_i \leqslant K_{2i}$ 并且 $K_i \leqslant K_{2i+1}$ 则 $i=i-1$；

否则，若 $K_{2i} < K_{2i+1}$，则沿左分支，否则沿右分支；

(3) 输出堆顶元素后，用堆中的最后一个元素替代堆顶元素。

2. 算法

堆排序算法描述如算法 9.8 所示，其中筛选的算法如算法 9.7 所示。

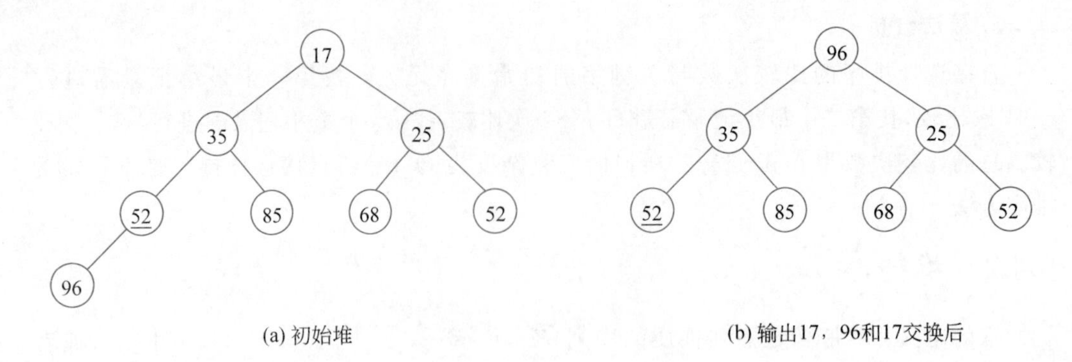

(a) 初始堆

(b) 输出17，96和17交换后

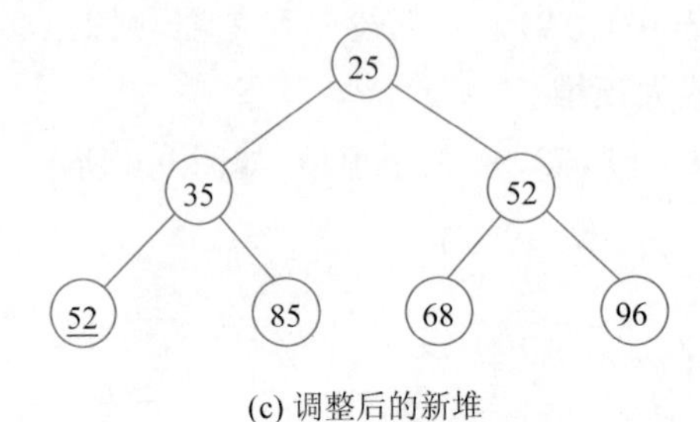

(c) 调整后的新堆

图 9.7 输出堆顶元素并筛选的过程

【算法 9.7】

```
void   Sift(RecType R[],int i,int m)
{ //假设 R[i+1..m]中各元素满足堆的定义,本算法调整 R[i]后使序列 R[i..m]中各元素满足
  //堆的性质
  R[0]=R[i];                                    //暂存
  for(j=2*i; j<=m; j*=2)
  { if(j<m && R[j].key<R[j+1].key)  j++;        //沿大者(右)方向筛选
    if(R[0].key<R[j].key)
    { R[i]=R[j];
      i=j;
    }
    else break;
  }
  R[i]=R[0];
}                                               //Sift
```

【算法 9.8】

```
void  HeapSort(RecType R[],int n)
{ //对记录序列 R[1..n]进行堆排序
  for(i=n/2;i>0;i--)                            //把 R[1..n]建成大顶堆
    Sift(R,i,n);
  for(i=n;i>1;i--)                              //输出并调堆
```

```
    { R[1]←→R[i];
    Sift(R,1,i-1);                              //将 R[1..i-1]重新调整为大顶堆
    }
}
```

3. 算法分析

堆排序的时间主要由建堆和调整堆两部分时间开销构成，堆排序的时间复杂度为 O($n\log_2 n$)。由于初始建堆所需的比较次数较多，所以堆排序不适合记录数较少的文件，但对记录数较多的文件还是很有效的。堆排序只需要一个记录的辅助存储空间。堆排序方法是不稳定的。

9.5 归并排序

1. 基本思想

归并排序是将两个或两个以上的有序子表合并成一个新的有序表，它的基本思想是将具有 n 个待排序记录的序列看成 n 个长度为 1 的有序序列，进行两两归并，得到$\lceil n/2 \rceil$个长度为 2 的有序序列，再进行两两归并，得到$\lceil n/4 \rceil$个长度为 4 的有序序列，如此重复，直至得到一个长度为 n 的有序序列为止。2-路归并排序的例子如图 9.8 所示。

初始关键字	[52]	[35]	[68]	[96]	[85]	[17]	[25]	[52]
第 1 趟排序后	[35	52]	[68	96]	[17	85]	[25	52]
第 2 趟排序后	[35	52	68	96]	[17	25	52	85]
第 3 趟排序后	[17	25	35	52	52	68	85	96]

图 9.8　2-路归并排序示例

2. 算法

归并排序的算法描述如算法 9.10 和算法 9.11 所示，其中两个有序序列的归并过程如算法 9.9 所示。

【算法 9.9】

```
void  Merge(RecType R[],RecType R1[],int i,int l,int h)
{ //将有序的 R[i.. l]和 R[l+1..h]归并为有序的 R1[i..h]
  for(j=l+1,k=i; i<=l&&j<=h;k++) //R 中记录由小到大地并入 R1
  if(R[i].key<=R[j].key)  R1[k]=R[i++];
  else R1[k]=R[j++];
  if(i<=l)  R1[k..h]=R[i.. l];        //将剩余的 R[i.. l]复制到 R1
  if(j<=h) R1[k..h]=R[j..h];          //将剩余的 R[j..h]复制到 R1
}                                     //Merge
```

【算法 9.10】

```
void    Msort(RecType R[ ],RecType R1[ ],int s,int t)
```

```
{ //将 R[s..t]进行 2-路归并排序为 R1[s..t]
  if(s==t)  R1[s]=R[s];
  else
  { m=(s+t)/2;                        //将 R[s..t]平分为 R[s..m]和 R[m+1..t]
    Msort(R,R2,s,m);                  //递归地将 R[s..m]归并为有序的 R2[s..m]
    Msort(R,R2,m+1,t);                //递归地将 R[m+1..t]归并为有序的 R2[m+1..t]
    Merge(R2,R1,s,m,t);               //将 R2[s..m]和 R2[m+1..t]归并到 R1[s..t]
  }
}                                     //MSort
```

【算法 9.11】

```
void  MergeSort(RecType R[],int n)
{ //对记录序列 R[1..n]作 2-路归并排序。
  MSort(R,R,1,n);
}                                     //MergeSort
```

3. 算法分析

对 n 个元素的序列执行 2-路归并排序算法，必须进行 $\log_2 n$ 趟归并，每趟归并的时间复杂度是 O(n)，所以 2-路归并排序的时间复杂度为 $O(n\log_2 n)$。2-路归并排序是一种稳定的排序方法。

9.6 基数排序

1. 基本思想

基数排序是一种借助多关键字排序的思想实现单关键字排序的算法。

假设 n 个记录待排序序列$\{R_1, R_2, \cdots, R_n\}$，每个记录 R_i 中含有 d 个关键字$(K_{i0}, K_{i1}, \cdots, K_{id-1})$，则称上述记录序列对关键字$(K_{i0}, K_{i1}, \cdots, K_{id-1})$有序是指：对于序列中任意两个记录 R_i 和 R_j($1 \leqslant i < j \leqslant n$)都满足下列(词典)有序关系：$(K_{i0}, K_{i1}, \cdots, K_{id-1}) < (K_{j0}, K_{j1}, \cdots, K_{jd-1})$。其中，$K_0$ 被称为最主位关键字，K_{d-1} 被称为最次位关键字。多关键字排序通常有以下两种方法。

(1) 最高位优先(MSD)法。先对 K_0 进行排序，并按 K_0 的不同值将记录序列分成若干子序列之后，分别对 K_1 进行排序，以此类推，直至最后对最次位关键字排序完成为止。

(2) 最低位优先(LSD)法：先对 K_{d-1} 进行排序，然后对 K_{d-2} 进行排序，以此类推，直至对最主位关键字 K_0 排序完成为止。排序过程中不需要根据"前一个"关键字的排序结果将记录序列分割成若干("前一个"关键字不同的)子序列。

假设多关键字的记录序列中每个关键字的取值范围相同，则按 LSD 进行排序时，可以采用"分配-收集"的方法。对于数字型或字符型的单关键字，若可以看成由 d 个分量$(K_{i0}, K_{i1}, \cdots, K_{id-1})$构成的，则每个分量取值范围相同 $C_1 \leqslant K_{ij} \leqslant C_{rd}$($0 \leqslant j < d$>，可能取值的个数 rd 称为基数)，可以采用分配-收集的方法进行排序，这种方法称为基数排序法。

例如：已知关键字序列{278,109,063,930,589,184,505,269,008,083}，写出基数排序的的排序过程。

初始状态为

p→278→109→063→930→589→184→505→269→008→083

第一次按“个位数”可能的取值(0～9)分配，再按0～9的顺序将它们收集在一起。

第一次分配得到

B[0].f→930←B[0].r

B[3].f→063→083←B[3].r

B[4].f→184←B[4].r

B[5].f→505←B[5].r

B[8].f→278→008←B[8].r

B[9].f→109→589→269←B[9].r

第一次收集得到

p→930→063→083→184→505→278→008→109→589→269

第二次按“十位数”可能的取值(0～9)分配，再按0～9的顺序将它们收集在一起。

第二次分配得到

B[0].f→505→008→109←B[0].r

B[3].f→930←B[3].r

B[6].f→ 063→269←B[6].r

B[7].f→278←B[7].r

B[8].f→083→184→589←B[8].r

第二次收集得到

p→505→008→109→930→063→269→278→083→184→589

第三次按“百位数”可能的取值(0～9)分配，再按0～9的顺序将它们收集在一起。

第三次分配得到

B[0].f→008→063→083←B[0].r

B[1].f→109→184←B[1].r

B[2].f→269→278←B[2].r

B[5].f→505→589←B[5].r

B[9].f→930←B[9].r

第三次收集之后便得到记录的有序序列

p→008→063→083→109→184→269→278→505→589→930

2. 算法

基数排序的类型定义如下：

```
#define  n  待排序记录的个数
typedef  struct
{ int  key[d];                        //关键字由 d 个分量组成
  int  next;                          //静态链域
```

```
  AnyType  other;                          //记录其他数据域
} SLRecType;
SLRecType  R[n+1];                         //R[1..n]存放 n 个待排序记录
typedef  struct
{ int  f,e;                                //队列的头、尾指针
} SLQueue;
SLQueue B[m]                               //用队列表示桶,共 m 个
```

排序算法描述如算法 9.12 所示。

【算法 9.12】

```
int  RadixSort(SLRecType  R[], int n)
{ //对 R[1..n]进行基数排序,返回收集用的链头指针
  for(i=1;i<n;i++)                         //将 R[1..n]链成一个静态链表
  R[i].next=i+1;
  R[n].next=-1;                            //将初始链表的终端结点指针置空
  p=1;                                     //p 指向链表的第一个结点
  for(j=d-1;j>=0;j--)                      //进行 d 趟排序
  { for(i=0;i<m;i++)                       //初始化桶
    { B[i].f=-1;  B[i].e=-1;    }
    while(p!=-1)                           //一趟分配,按关键字的第 j 个分量进行分配
      { k=R[p].key[j];                     //k 为桶的序号
        if(B[k].f==-1) B[k].f=p;           //B[k]为空桶,将 R[p]链到桶头
        else  R[B[k].e].next=p;            //将 R[p]链到桶尾
        B[k].e=p;                          //修改桶的尾指针
        p=R[p].next;                       //扫描下一个记录
      }
      i=0;                                 //一趟收集
      while(B[i].f==-1)  i++;              //找第一个非空的桶
      t=B[i].e; p=B[i].f                   //p 为收集链表的头指针,t 为尾指针
      while(i<m-1)
      { i++;                               //取下一个桶
        if(B[i].f!=-1)
        { R[t].next=B[i].f; t=B[i].e; }    //连接非空桶
        }
        R[t].next=-1;                      //本趟收集完毕,将链表的终端结点指针置空
      }
      return p;
}
```

3. 算法分析

基数排序的时间复杂度是 O(d(rd+n))。当 n 较小、d 较大时,基数排序并不合适。只有当 n 较大、d 较小时,特别是记录的信息量较大时,基数排序最为有效。基数排序存

储的空间复杂度为O(rd)。基数排序是稳定的。

9.7 本章小结

排序是数据结构中的一种重要操作,内部排序主要有插入排序、希尔排序、冒泡排序、快速排序、直接选择排序、堆排序、归并排序和基数排序。当n较小时,可采用插入排序和直接选择排序。当待排序记录的初始状态已是按关键字基本有序时,可选择插入排序或冒泡排序。当n较大时,若关键字有明显结构特征,关键字位数较少且易于分解,采用基数排序较好。若关键字无明显特征时,可采用快速排序、堆排序或归并排序。快速排序方法是内部排序方法中最好的方法。

插入排序、冒泡排序、2-路归并排序和基数排序方法是稳定的,快速排序、希尔排序、直接选择排序、堆排序方法是不稳定的。

习 题 9

一、选择题

1. 设一组初始记录关键字序列为(345,253,674,924,627),则用基数排序需要进行(　　)趟的分配和回收才能使初始关键字序列变成有序序列。

A. 5　　B. 4　　C. 3　　D. 2

2. 用某种排序方法对关键字序列(25,84,21,47,15,27,68,35,20)进行排序,序列的变化情况如下:

20,15,21,25,47,27,68,35,84
15,20,21,25,35,27,47,68,84
15,20,21,25,27,35,47,68,84

采用的排序方法是(　　)。

A. 选择排序　　B. 希尔排序　　C. 归并排序　　D. 快速排序

二、问答题

1. 排序方法稳定和不稳定是指什么?

2. 在各种排序方法中,哪些是稳定的?哪些是不稳定的?为每种不稳定的排序方法举出一个不稳定的例子。

3. 假设关键字从小到大排序,在什么情况下,冒泡排序算法关键字的交换次数最多?

三、应用题

1. 假设待排序的关键字序列为{15,20,8,32,28,<u>20</u>,40,18},试分别写出使用以下排序方法每趟排序后的结果。

(1) 插入排序　　(2) 希尔排序(d=4,2,1)　　(3) 冒泡排序
(4) 快速排序　　(5) 直接选择排序　　(6) 2-路归并排序

2. 判断下列关键字序列是否是一个堆,如果不是,则把它调整成堆。

(1) 95,86,60,85,20,25,10,70

(2) 95,70,60,20,85,25,10,86

3. 假设待排序的关键字序列为{268,109,023,930,547,505,328,240,118},试写出使用基数排序方法进行第1趟分配和收集后的结果。

四、算法题

1. 假设单链表头结点的指针为L,结点数据为整型,试写出对单链表进行插入排序的算法。

2. 试以单链表为存储结构,写出直接选择排序的算法。

3. 若待排序序列用单链表存储,试写出快速排序的算法。

附录　中英名词对照表

二画

二叉树(Binary Tree)
二叉排序树(Binary Sort Tree)
二次探测(Quadratic Probing)
十字链表(Orthogonal List)

三画

广度优先搜索(Breadth-First Search)
子树(Subtree)
子图(Subgraph)
AOV-网(Activity On Vertex Network)
AOE-网(Activity On Edge Network)

四画

元素(Element)
队列(Queue)
队头(Front)
队尾(Rear)
双向链表(Doubly Linked List)
双亲(Parent)
中序遍历(Inorder Traversal)
无向图(Undirected Graph)
分块查找(Blocking Search)
内部排序(Internal Sorting)
开放定址(Open Addressing)

五画

头指针(Head Pointer)
头结点(Head Node)
边(Edge)
生成树(Spanning Tree)
最小生成树(Minimum Spanning Tree)
平均查找长度(Average Search Length)
平衡二叉树(Balanced Binary Tree)
平衡因子(Balance Factor)
归并排序(Merge Sort)

六画

存储结构(Storage Structure)

顺序存储结构(Sequential Storage Structure)
链式存储结构(Linked Storage Structure)
先进先出(First In First Out)
先序遍历(Preorder Traversal)
后进先出(Last In First Out)
后序遍历(Postorder Traversal)
有向图(Directed Graph)
有向无环图(Directed Acycline Graph)
关键路径(Critical Path)
关键字(Key)
主关键字(Primary Key)
次关键字(Second Key)
动态查找表(Dynamic Search Table)
同义词(Synonym)
冲突(Collision)
伪随机探测(Random Probing)

七画

时间复杂度(Time Complexity)
完全二叉树(Complete Binary Tree)
完全图(Complete Graph)
邻接矩阵(Adjacency Matrix)
邻接表(Adjacency Lists)
逆邻接表(Inverse Adjacency Lists)
连通图(Connected Graph)
强连通图(Strongly Connected Graph)
连通分量(Connected Component)
折半查找(Binary Search)
判定树(Decision Tree)
希尔排序(Shell'S Method)
快速排序(Quick Sort)

八画

空间复杂度(Space Complexity)
抽象数据类型(Abstract Data Type)
线性表(Linear Lists)
线性链表(Linear Linked Lists)
线性探测(Linear Probing)
线索二叉树(Threaded Binary Trees)
线索链表(Threaded Linked Lists)

单链表(Singly Linked Lists)
图(Graph)
度(Degree)
入度(In-Degree)
出度(Out-Degree)
顶点(Vertex)
弧(Arc)
直接前驱(Immediate Predecessor)
直接后继(Immediate Successor)
拓扑排序(Topological Sort)
拓扑有序(Topological Order)
查找表(Search Table)

九画

结点(Node)
孩子(Children)
祖先(Ancestor)
指针(Pointer)
栈(Stack)
栈顶(Top)
栈底(Bottom)
树(Tree)
哈夫曼树(Huffman Tree)
哈夫曼编码(Huffman Codes)
带权路径长度(Weighted Path Length)
顺序查找(Sequential Search)
选择排序(Selection Sort)

十画

根(Root)
冒泡排序(Bubble Sort)
索引顺序查找(Indexed Sequential Search)

十一画

深度优先搜索(Depth First Search)
随机数法(Random Number Method)
堆排序(Heap Sort)
基数排序(Radix Sort)

十二画

散列表(Hash Table)
散列函数(Hash Function)

链表(Linked List)
链地址法(Chaining)
循环链表(Circular Linked List)
循环队列(Circular Queue)
森林(Forest)
最优树(Optimal Tree)
最短路径(Shortest Path)
稀疏矩阵(Sparse Matrix)
稀疏图(Sparse Graph)
装填因子(Load Factor)
插入排序(Insertion Sort)
直接插入排序(Straight Insertion Sort)
折半插入排序(Binary Insertion Sort)

十三画

数据(Data)
数据元素(Data Element)
数据项(Data Item)
数据对象(Data Object)
数据关系(Data Relation)
数据结构(Data Structure)
逻辑结构(Logical Structure)
物理结构(Physical Structure)
数据类型(Data Type)
数组(Array)
数字分析法(Digital Analysis Method)
频度(Frequency Count)
路径(Path)
稠密图(Dense Graph)
满二叉树(Full Binary Tree)

十四画

算法(Algorithm)
静态查找表(Static Search Table)

参考文献

[1] 严蔚敏. 数据结构(C语言版)[M]. 北京：清华大学出版社，2011.

[2] 冯贵良. 数据结构与算法[M]. 北京：清华大学出版社，2016.

[3] 李忠月. 数据结构与算法[M]. 北京：北京大学出版社，2019.

[4] 王昆仑. 数据结构与算法[M]. 2版. 北京：中国铁道出版社，2018.

[5] 李广水. 算法与数据结构(C语言版)[M]. 北京：电子工业出版社，2017.

[6] 张千帆. 数据结构与算法分析[M]. 北京：清华大学出版社，2020.

[7] 林劼，刘震，陈端兵，等. 数据结构与算法[M]. 北京：北京大学出版社，2018.

[8] 传智播客. 数据结构与算法[M]. 北京：清华大学出版社，2016.

[9] 游洪跃. 数据结构与算法(C++版)[M]. 2版. 北京：清华大学出版社，2020.

[10] 李春葆. 新编数据结构习题与解析[M]. 2版. 北京：清华大学出版社，2019.

[11] 严蔚敏. 数据结构题集(C语言版)[M]. 北京：清华大学出版社，2020.

图书资源支持

感谢您一直以来对清华版图书的支持和爱护。为了配合本书的使用，本书提供配套的资源，有需求的读者请扫描下方的“书圈”微信公众号二维码，在图书专区下载，也可以拨打电话或发送电子邮件咨询。

如果您在使用本书的过程中遇到了什么问题，或者有相关图书出版计划，也请您发邮件告诉我们，以便我们更好地为您服务。

我们的联系方式：

地　　址：北京市海淀区双清路学研大厦A座714

邮　　编：100084

电　　话：010-83470236　010-83470237

客服邮箱：2301891038@qq.com

QQ：2301891038（请写明您的单位和姓名）

资源下载：关注公众号“书圈”下载配套资源。

资源下载、样书申请

书圈

图书案例

清华计算机学堂

观看课程直播